Swift 机器学习：
面向 iOS 的人工智能实战

［乌］亚历山大·索诺夫琴科（Alexander Sosnovshchenko）　著

连晓峰　谭　励　等译

U0332514

机 械 工 业 出 版 社

本书首先从机器学习的基础知识开始，帮助你建立对机器学习基本概念的直观认识。然后探讨各种监督学习和无监督学习方法，以及如何使用 Swift 实现它们。之后通过常见的实际案例来深入讲解深度学习技术。在最后，深入讨论模型压缩、GPU 加速等核心主题，并提供一些建议，以帮助你避免在使用机器学习开发应用程序的过程中出现常见错误。通过本书的学习，你将能够开发用 Swift 编写的智能应用程序。

本书是面向使用 Swift 开发智能应用程序的技术人员，以及从事机器学习研究的研发人员。

图书在版编目（CIP）数据

Swift 机器学习：面向 iOS 的人工智能实战/（乌）亚历山大·索诺夫琴科著；连晓峰等译. —北京：机械工业出版社，2020. 10

书名原文：Machine Learning with Swift：Artificial Intelligence for iOS
ISBN 978-7-111-66499-4

Ⅰ. ①S… Ⅱ. ①亚…②连… Ⅲ.①程序语言－程序设计 Ⅳ. ①TP312

中国版本图书馆 CIP 数据核字（2020）第 169576 号

机械工业出版社（北京市百万庄大街22号 邮政编码100037）
策划编辑：林　桢　责任编辑：林　桢
责任校对：张　力　封面设计：鞠　杨
责任印制：张　博
三河市宏达印刷有限公司印刷
2021 年 1 月第 1 版第 1 次印刷
184mm × 240mm · 16 印张 · 367 千字
标准书号：ISBN 978-7-111-66499-4
定价：89.00 元

电话服务　　　　　　　网络服务
客服电话：010-88361066　机　工　官　网：www.cmpbook.com
　　　　　010-88379833　机　工　官　博：weibo. com/cmp1952
　　　　　010-68326294　金　书　网：www. golden-book. com
封底无防伪标均为盗版　机工教育服务网：www. cmpedu. com

译者序

　　机器学习是研究怎样使用计算机来模拟或实现人类学习活动的科学，是人工智能中最具智能特征、最前沿的研究领域之一。自 20 世纪 80 年代以来，机器学习作为实现人工智能的途径，在人工智能界引起了广泛的兴趣，特别是近十几年来，机器学习领域的研究进展得很快，现已成为人工智能的重要课题之一。机器学习不仅在基于知识的系统中得到了应用，而且在自然语言处理、非单调推理、机器视觉、模式识别等许多领域也得到了广泛应用。其主要是通过有效学习和分析信息并揭示人类无法获取的某些模式，为应用软件提供更多智能。

　　全书共 13 章，首先介绍了机器学习的主要概念，使读者可以快速了解该概念。从第 2 章开始，分别介绍了各种监督学习和无监督学习方法，其中包括分类、聚类、回归等相关算法。之后通过一些典型实际案例来深入了解深度学习技术，其中包括神经网络、卷积神经网络等相关知识，通过构建神经网络模型来进行计算机视觉以及自然语言处理等任务。最后，还深入讨论了机器学习库、移动端开发、模型压缩、GPU 加速等主题，并提供了一些建议，以避免在机器学习应用程序开发过程中出现常见错误。通过本书的学习，你将能够开发由 Swift 编写的可自学习的智能应用程序。

　　本书是面向使用 Swift 开发智能应用程序的技术人员，以及从事机器学习研究的研发人员。

　　本书主要由连晓峰和谭励负责翻译，另外，赵宇琦、刘栋、史佳琦、吕芯悦、马子豪、任雪平、张斌、王子天、吴京鸿等人也参与了部分翻译工作。全书由连晓峰校正统稿。

　　由于译者水平有限，书中翻译不当或错误之处恳请业内专家学者和广大读者不吝赐教。

原书前言

机器学习相关领域技术是通过有效学习和分析信息并揭示人类无法获取的某些模式，为应用软件提供更多智能。本书首先从机器学习的基础知识开始，帮助你建立对机器学习基本概念的直观认识。然后探讨各种监督学习和无监督学习方法。再后通过常见的实际案例来深入讲解深度学习技术。在最后深入讨论模型压缩、GPU加速等核心主题，并提供一些建议，以避免在使用机器学习开发应用程序的过程中出现常见错误。

通过本书的学习，你将能够开发由Swift编写的可自学习的智能应用程序。

本书读者

本书是面向使用Swift开发智能应用程序的技术人员，以及从事机器学习研究的研发人员。阅读本书只需熟悉一些基本的Swift编程即可。

本书主要内容

第1章　机器学习入门，介绍机器学习的主要概念，建立直观认识。

第2章　分类—决策树学习，构建第一个机器学习应用程序。

第3章　k近邻分类器，探索分类算法，学习基于实例的学习算法。

第4章　k–均值聚类，介绍基于实例的算法，重点是无监督的聚类任务。

第5章　关联规则学习，更深入地探讨无监督学习。

第6章　线性回归和梯度下降，又返回到监督学习，不过讲解的重点是从KNN、k–均值等非参数模型到参数线性化模型。

第7章　线性分类器和逻辑回归，继续在线性回归的基础上建立更复杂的不同模型，如多项式回归、正则回归和逻辑回归。

第8章　神经网络，实现第一个神经网络。

第9章　卷积神经网络，继续学习神经网络，讲解重点是在计算机视觉领域特别流行的卷积神经网络。

第10章　自然语言处理，探索人类自然语言世界，还将利用神经网络构建几个具有不同个性的聊天机器人。

第11章　机器学习库，概述了现有的与iOS兼容的机器学习库。

第12章　优化移动设备上的神经网络，讨论在移动平台上部署深度神经网络。

第13章　最佳实践，讨论机器学习应用程序的生命周期、人工智能项目中的常见问题以及如何解决这些问题。

充分利用本书所需环境

要顺利学习本书，需安装以下软件：

- Homebrew 1. 3. 8　+
- Python 2. 7. x
- pip 9. 0. 1 +
- Virtualenv 15. 1. 0 +
- IPython 5. 4. 1 +
- Jupyter 1. 0. 0 +
- SciPy 0. 19. 1 +
- NumPy 1. 13. 3 +
- Pandas 0. 20. 2 +
- Matplotlib 2. 0. 2 +
- Graphviz 0. 8. 2 +
- pydotplus 2. 0. 2 +
- scikit – learn 0. 18. 1 +
- coremltools 0. 6. 3 +
- Ruby
- Xcode 9. 2 +
- Keras 2. 0. 6 +
- keras – vis 0. 4. 1 +
- NLTK 3. 2. 4 +
- Gensim 2. 1. 0 +

所需的操作系统：

- macOS High Sierra 10. 13. 3 +
- iOS 11 + 或模拟器

关于作者

Alexander Sosnovshchenko 自 2012 年担任 iOS 软件工程师之后开始进行数据科学研究，如从移动机器学习实验到用于视频监控数据异常检测的复杂深度学习方案。现与妻子和女儿居住在乌克兰的利沃夫。

在此要感谢 Dmitrii Vorona 的支持、宝贵建议和代码检查；感谢 Nikolay Sosnovshchenko 和 Oksana Matskovich 提供的有关生物和机器人的图片；感谢 David Kopec 和 Matthijs Hollemans 提供的开源项目，感谢作为丛书作者和评审人的 Jojo Moolayil 先生对本书的付出，以及我的家人的支持和理解。

关于评审者

Jojo Moolayil 是一名从事人工智能、深度学习和机器人研究的专业人员，具有多年的工作经验，著有 *Smarter Decisions – The Intersection of Internet of Things and Decision Science* 一书。现在通用电气公司工作。同时，他还是 Apress 和 Packt 出版社关于机器学习、深度学习和商业分析图书的技术评审人。

Cecil Costa，是一名自由开发人员，自他 1990 年拥有第一台 PC 以来，就一直在进行计算机学习。他非常喜欢学习和教学，因此成为一名培训师，为公司组织现场和在线课程，同时也是几本 Swift 相关图书的作者。

目 录

第1章

机器学习入门

当今是一个激动人心的时代,人工智能(AI)和机器学习(ML)正从晦涩难懂的数学和科幻主题发展为大众文化的一部分。Google、Facebook、微软和其他科技公司竞相成为向全世界提供通用人工智能的公司。2015 年 11 月,Google 公司提供了开源的 TensorFlow 机器学习架构,该架构适用于在超级计算机和智能手机上运行,自此赢得了广泛拥趸。不久之后,其他大公司也纷纷仿效。作为 2016 年最佳 iOS 应用程序(Apple Choice)——Prisma 图片编辑器的成功完全归功于一种特殊的机器学习算法:卷积神经网络(CNN)。这些系统早在 20 世纪 90 年代就提出了,但直到近 10 年才得到广泛应用。在 2014/2015 年,移动设备才具备足够的计算能力来运行这些系统。事实上,人工神经网络在实际应用中已变得非常重要,为此苹果公司 iOS 10 系统在 Metal 和 Accelerate 框架中增加了对其的本地支持。同时,苹果公司还向第三方开发人员开放了 Siri,并推出了将 AI 功能添加到计算机游戏中的 GameplayKit 框架。在 iOS 11 系统中,苹果公司引入了运行预训练模型的 Core ML 框架,以及一个用于常见计算机视觉任务的视觉框架。

之前学习机器学习的最佳时间是 10 年前,而下一个最好时机就是现在。

本章主要内容包括:

- 了解什么是人工智能和机器学习。
- 机器学习的基本概念:模型、数据集和学习。
- 机器学习任务类型。
- 机器学习项目生命周期。
- 通用机器学习与移动机器学习。

1.1 什么是人工智能

我无法理解什么是我不能创造的东西。

——理查德·费曼(Richard Feynman)

人工智能是一个关于构建智能机器的知识领域。研究人员之间有两种不同的人工智能概念：强人工智能和弱人工智能。

强人工智能或称人工通用智能（AGI），是一种完全能够模仿人类智能的机器，包括意识、感觉和思维。据推测，这应该能够成功地将智能应用于任何任务。但是这类人工智能就好比是地平线，总是可以将其看作一个目标，不过无论如何努力，目前都仍无法实现。不过其一个重要作用是发挥了人工智能的带动效应：那些之前被看作具有强人工智能特征的事情，如今已认为是理所当然和微不足道的。在 20 世纪 60 年代，人们认为下棋之类的棋类游戏是强人工智能的一个特点。而现在的程序已比最优秀的人类棋手表现得更好，但这离强人工智能仍很遥远。从 20 世纪 80 年代的角度来看，iPhone 手机可能是人工智能：可以与之交谈，在短短几秒钟内就可回答问题并提供任何话题的信息。为此，可以继续以强人工智能为一个长远目标，而研究人员更多注重于目前面临的问题，并将其称为**弱人工智能**：具有某些智能特征的系统，并可应用于一些具体任务。其中包括自动推理、规划、创造性、与人类交流、感知周围环境、机器人和情感模拟。在本书中，将涉及其中一些任务，但主要还是侧重于机器学习，因为近年来，这一人工智能领域在移动平台上取得了许多实际应用。

1.2　机器学习的动机

首先打个比方。学习一种不熟悉的语言有两种方法：
- 通过课本、手册等，用心学习语言规则。这是大学生的通常做法。
- 观察实际语言：与以英语为母语的人交流，阅读书籍，观看电影等。通常孩子都是这么做的。

在上述两种情况下，都可以在脑海中建立一个语言模型，或更倾向于表述为培养一种语感。

第一种情况，是尝试构建一个基于规则的逻辑系统。这时，将会遇到许多问题：规则之外的特殊情况、不同的方言、借鉴其他语言的情况、习语等。且之前已有其他人派生出并描述了语言的规则和结构。

第二种情况，可以由现有数据派生出相同规则。你甚至可能不会意识到这些规则，但会逐渐适应这些隐含结构并理解规律。这时会利用称为**镜像神经元**的特殊脑细胞来试图模仿对方的母语。这种能力是经过数百万年的进化而形成的。经过一段时间，当面对错误用词时，只是觉得有些不对，但无法立刻判断出哪里不对。

不管是哪种情况，下一步都是要在现实世界中应用所生成的语言模型。结果可能会有所不同。在第一种情况下，每次发现缺少连字符或逗号时，都会遇到困难，不过或许可以在出版社找到一份校对工作。而在第二种情况下，一切都将取决于所训练数据的质量、多样性和数量。想象一下，在纽约市中心，一个通过模仿莎士比亚来学习英语的人，他能和周围的人正常交谈吗？

现在，用计算机来替代上例中的人。此时，有两种方法来表征这两种编程技术。第一种是编写由条件、周期等组成的专用算法，编程人员可通过这些算法来表示规则和结构。第二种即是机器学习，在这种情况下，计算机本身可根据现有数据确认底层结构和规则。

这种比喻要比直接理解印象深刻得多。对于许多任务来说，由于现实世界变化多样，直接构建算法困难重重。这可能需要领域专家的参与，来明确描述所有规则和边界案例。由此产生的模型不可靠且教条死板。另一方面，也可通过让计算机从数量合理的数据中自行发现规则，从而解决同样的任务。这类任务的一个示例就是人脸识别。用传统的命令式算法和数据结构来形式化人脸识别是完全不可行的。直到应用机器学习，该任务在机器学习的作用下才得以成功解决。

1.3　什么是机器学习

机器学习是人工智能的一个子领域，在过去十年中取得了显著进展，且一直是一个研究热点。这是一个涉及构建一种可从数据中学习并针对所执行任务进行不断自行改进的算法的学科分支。机器学习可允许计算机推断适用于某些任务的算法或从数据中提取隐含模式。在不同的研究领域，机器学习具有一些不同的称呼：预测分析、数据挖掘、统计学习、模式识别等。尽管这些术语有一些细微区别，但本质上，在某种程度上是吻合的，这些术语是可以互换的。

机器学习现已无处不在。搜索引擎、定向广告、人脸和语音识别、推荐系统、垃圾邮件过滤、自动驾驶汽车、银行系统中的欺诈检测、信用评级、自动视频字幕和机器翻译等——如果没有如今的机器学习，这些都是无法想象的。

近年来，机器学习的成功主要归结于以下几个因素：

- 不同形式的海量数据（大数据）。
- 现有的计算能力和专用硬件（云和 GPU）。
- 开源代码和开放访问的兴起。
- 算法进展。

任何机器学习系统都包含三个基本要素：数据、模型和任务。数据是作为模型输入。模型是执行任务的一个数学函数或计算机程序。例如，电子邮件是数据，垃圾邮件过滤程序是一个模型，而区分垃圾邮件和非垃圾邮件是一项任务。机器学习中学习是指根据数据调整模型的过程，以便模型能够更好地完成任务。这种配置的明显结果在统计学广为流传的一句名言"模型与数据同样重要"中得以体现。

1.4　机器学习的应用

在许多领域，机器学习是不可或缺的组成部分，其中包括机器人学、生物信息学和推荐系统。尽管并非不能基于 Swift 在 macOS 或 Linux 系统中开发生物信息软件，但本书的实例还是限定于移动友好型的领域。最明显的一个原因是，目前 iOS 仍是大多数日常使用 Swift 的程序开发人员的主要目标平台。

为方便起见，根据移动平台开发人员最常处理的数据类型，大致可将所有感兴趣的机器学习应用程序分为 3 + 1 个领域：

- 数字信号处理（传感器数据、音频信号）。
- 计算机视觉（图像、视频）。
- 自然语言处理（文本、语音）。
- 其他应用和数据类型。

1.4.1　数字信号处理

数字信号处理（DSP）这类应用包括输入数据类型为信号、时间序列和音频的任务。数据来源于传感器、HealthKit、传声器、可穿戴设备（如 Apple Watch 或脑 – 机接口）和物联网设备。这类的机器学习问题主要包括：

- 用于行为识别的运动传感器数据。
- 语音识别与合成。
- 音乐识别与合成。
- 生物信号（心电图、脑电图和手震颤）分析。

我们在第 3 章中将创建一个运动识别的应用程序。

　　严格来说，图像处理也是数字信号处理的一个子领域，不过在此不必过于细究。

1.4.2　计算机视觉

与图像和视频相关的一切任务都属于这类应用。在第 9 章中我们将开发一些计算机视觉应用程序。计算机视觉任务的示例包括：

- 光学字符识别和手写体输入识别。
- 人脸检测和识别。
- 图像和视频字幕。
- 图像分割。
- 三维场景重建。
- 生成艺术（艺术风格转换、Deep Dream 等）。

1.4.3　自然语言处理

自然语言处理（NLP）是一门涉及语言学、计算机科学和统计学的交叉学科。在第 10 章中我们将讨论最常用的自然语言处理方法。自然语言处理的应用主要包括：

- 自动翻译、拼写、语法和样式校正。
- 情感分析。

- 垃圾邮件检测/过滤。
- 文档分类。
- 聊天机器人和问答系统。

1.4.4　机器学习的其他应用

另外，机器学习还包括许多难以归类的应用。只要具有足够多的数据，就可以在任何数据上进行机器学习。一些特殊的数据类型如下：

- 空间数据：GPS 定位（见第 4 章）、UI 对象和触摸的坐标。
- 树状结构：文件夹和文件的层次结构。
- 网状数据：照片中的人或网页超链接。
- 应用日志和应用程序内活动用户数据（见第 5 章）。
- 系统数据：可用空间磁盘、电池电量等。
- 调查结果。

1.5　利用机器学习构建 iOS 智能应用程序

正如在新闻报道中所见，苹果公司利用机器学习进行欺诈检测，并从 beta 测试报告中挖掘有用数据，然而，这些不是我们移动设备上可见的示例。iPhone 手机已在其操作系统中内置了一些机器学习模型，另外，还有一些本地应用程序也可有助于执行各种各样的任务。一些用例已众所周知且影响突出，但另一些用例则不被人熟知。最明显的一些例子是 Siri 语音识别、自然语言处理和语音合成。相机应用程序通过人脸检测进行对焦，而照片应用程序通过人脸识别将同一人的照片归类到一个相册中。2016 年 6 月当时面世的 iOS 10 系统中，Craig Federighi 展示了其开发的预测键盘，其中采用了 LSTM 算法（一种递归神经网络）来根据上下文提示下一个单词，以及照片应用程序如何利用机器学习来进行目标识别和场景分类。iOS 本身还可通过机器学习来延长电池寿命，提供上下文建议，根据通讯录中的联系人匹配社交网络信息和邮件，并在网络连接选项中进行选择。在 Apple Watch 中，根据机器学习模型还可识别用户运动类型和手写体输入。

在 iOS 10 系统之前，苹果公司还提供了一些机器学习 API，如语音或运动识别，但只是作为一种黑箱来使用，不能对模型进行优化或用于其他目的。如果要完成一些稍微不同的任务，如检测运动类型（这不是苹果公司预先定义的），则必须从头开始构建模型。在 iOS 10 系统中，CNN 构建块同时添加在两个框架中：作为 Metal API 的一部分和作为 Accelerate 框架的子库。另外，iOS SDK 还引入了第一个机器学习实用算法——GameplayKit 中的决策树学习器。

随着 iOS 11 系统的发布，机器学习功能继续扩展。在 2017 年 WWDC 大会上，苹果公司展示了 Core ML 框架。其中包括用于运行预训练模型的 API，并附带了一些工具，用于将一些常用的机器学习框架训练完成的模型转换为苹果公司自己的格式。不过，目前尚不能在设备上训练模型，因此模型还无法在运行时更改或更新。

在 App Store 中搜索人工智能、深度学习、机器学习等关键词，会发现许多应用程序，其中一些已得到成功应用。下面是一些例子：

- Google 翻译可完成语音识别与合成、OCR、手写体识别和自动翻译；其中一些是离线完成的，一些是在线完成的。
- Duolingo 可验证发音，推荐最佳学习资料，并通过聊天机器人学习语言。
- Prisma、Artisto 和其他采用神经网络艺术风格转换算法将照片转换为绘画格式的应用程序。Snapchat 和 Fabby 可利用图像分割、目标跟踪和其他计算机视觉技术来增强自拍效果。另外，还有自动为黑白照片着色的应用程序。
- Snapchat 的自拍视频滤镜可通过机器学习进行实时人脸跟踪和修改。
- Aipoly Vision 可帮助盲人，语音说出通过相机所看到的事物。
- 一些卡路里计数应用程序可通过相机识别食物。还有类似的应用程序来识别狗的品种、树木和商标。
- 几十种 AI 个人助手和聊天机器人，具有从奶牛疾病诊断到婚介和股票交易等不同的功能。
- 预测键盘、拼写检查和自动校正，如 SwiftKey。
- 可向用户学习的游戏和角色/单元不断进化的游戏。
- 还有一些通过机器学习适应用户习惯和偏好的新闻、邮件和其他应用程序。
- 借助机器学习，脑 - 机接口和健身可穿戴设备能够识别不同用户状态，如注意力、睡眠状态等。至少其中一些辅助性移动应用程序利用了机器学习。
- 通过便携式健康应用程序进行医疗诊断和监测。例如，OneRing 是利用可穿戴设备的数据来监测帕金森病。

所有这些应用程序都是建立在广泛收集数据并进行处理的基础上的。即使应用程序本身没有收集数据，其所用的模型也是在大规模数据集上经过训练的。在下一节中，我们将讨论与机器学习应用程序中的数据相关的一些内容。

1.6　了解数据

多年来，研究人员一直在争论什么更重要：数据还是算法。但现在看来，数据比算法更重要这一观点已被机器学习专家所普遍接受。在大多数情况下，可以假设拥有更好的数据通常会胜过拥有更先进的算法。无用数据输入，无用数据输出——这一准则在机器学习中比其他任何地方更适用。要在机器学习领域取得成功，不仅需要有数据，还需要了解这些数据，并知道如何进行处理。

机器学习数据集通常是由独立观测量组成的，称为样本、案例或数据点。在最简单的情况下，每个样本都有多个特征。

1.6.1　特征

在讨论机器学习中的特征时，是指所研究对象或现象所具有的一些特性。

在一些出版物中，同一概念具有不同名称，如解释变量、自变量和预测器等。

特征是用于区分对象并度量其之间的相似性的。

例如：

- 如果研究对象是图书，则特征可以是书名、页数、作者名、出版年份和类别等。
- 如果研究对象是图像，则特征可以是每个像素的强度。
- 如果研究对象是博客文章，则特征可以是语言、长度或包含的某些术语。

有必要将数据想象成电子表格。在这种情况下，行是每个样本（数据点），列是每个特征。例如，表 1.1 给出了一个由四个样本组成的小型图书数据集，其中每个样本具有 8 个特征。

表 1.1　一个机器学习数据集示例（虚拟图书，数据均为虚构）

书名	作者名	页数	年份	类型	读者平均评分	出版商	库存
《21 天内学习 ML》	Machine Leaner	354	2018	科幻	3.9	AA	无
《在小行星撞击中幸存下来的 101 个实用指南》	Enrique	124	2021	自助	4.7	BB	有
《键盘依赖症》	Jessica's cat	458	2014	非虚构	3.5	CC	有
《量子螺丝刀：遗产》	Purnima	1550	2018	科幻	4.2	DD	有

1.6.2　特征类型

在虚拟图书的示例中，将会看到几种特征类型：

- **类别或无序特征**：书名名、作者名、类型、出版商。这些类似于 Swift 中无原始值的枚举值，但区别在于：这些值都是具有级别但无大小之分的。重要提示：不能对其进行排序或认为一个比另一个大。
- **二元特征**：事物存在或不存在，即真或假。在这个示例中，如库存特征。
- **实数特征**：页数、年份、读者平均评分。这些特征可以表示为浮点数或双精度值。

另外，还有其他一些特征，不过上述是最常见的特征。

最常见的机器学习算法要求数据集由多个样本组成，其中每个样本由实数向量（特征向量）表示，且所有样本具有相同数量的特征。将类别特征转换为实数特征的最简单（但不是最好的）方法是用数值代码替换类别（见表 1.2）。

表 1.2   简单预处理后的虚拟图书数据集

书名	作者名	页数	年份	类别	读者平均评分	出版商	库存
0.0	0.0	354.0	2018.0	0.0	3.9	0.0	0.0
1.0	1.0	124.0	2021.0	1.0	4.7	1.0	1.0
2.0	2.0	458.0	2014.0	2.0	3.5	2.0	2.0
3.0	3.0	1550.0	2018.0	0.0	4.2	1.0	1.0

这是一个在将数据集输入到机器学习算法之前，数据集形式可能会如何显示的示例。稍后，将讨论针对特定应用的数据预处理的基本内容。

1.6.3   选择适当的特征集

为了用于机器学习，需要选择一组合理的特征，既不能太多也不能太少：

• 如果特征太少，则信息可能不足以保证模型达到所需的质量。在这种情况下，就希望从现有特征中构建新的特征，或从原始数据中提取更多的特征。

• 如果特征太多，则需要选择具有最多信息量且最具辨别力的特征，因为特征越多，计算就越复杂。

如何判断哪些特征更重要呢？有时常识很有帮助。例如，如果正在构建一个图书推荐模型，那么图书的类别和平均评分可能比页数和年份更为重要。但如果特征只是一幅图片的像素，而我们要构建一个人脸识别系统时，对于大小为 1024×768 的黑白图像，将会得到 786432 个特征。那么哪些像素更重要呢？在这种情况下，必须应用一些算法来提取有意义的特征。例如，在计算机视觉中，边缘、角点和图像块比原始像素具有更多的信息，因此会有很多算法来进行提取（见图 1.1）。通过将图像经过一些滤波器，可去除一些不重要的信息，从而显著减少特征数量；从数十万减少到几百个，甚至几十个。有助于选择最重要特征子集的技术称为特征选择，而特征提取技术会创建更多的新特征。

图 1.1   边缘检测是计算机视觉中常用的特征提取技术。尽管右图所包含的
信息要比左图少得多，但仍可以识别图中的对象

特征提取、选择和组合是一门称为特征工程的技术。这不仅需要一些黑客技术和统计技能，还需要专业领域知识。在接下来的章节中，将在实际应用中介绍一些特征工程方法。另外，还将讨论深度学习的美妙世界：一种能够使得计算机从低层特征中提取高级抽象特征的技术。

对于每个样本，所提取的特征个数（或特征向量的长度）通常称为问题的维数。许多问题都是高维的，具有成百上千个特征。更糟糕的是，其中一些问题还是稀疏的，即对于每个数据点，大多数特征都是零或缺失的。在推荐系统中这是一种常见情况。例如，假设正在构建一个电影评级的数据集：其中行是电影名称，列是用户，且在每个单元格中，都有一个由电影观众给出的评级。由于大多数观众可能从未观看过其中的大部分电影，因此表中大多数单元格都是空值。反之，则称为密集，即具有大多数值。在自然语言处理和生物信息学中的许多问题都是高维、稀疏或兼而有之的。

特征选择和特征提取有助于减少特征数量，同时又不损失大量信息，因此也将其称为降维算法。

1.6.4　获取数据集

数据集可从不同来源获得。其中，较为重要的来源是：

• 经典数据集，如 Iris（R. Fisher 于 1936 年整理的有关花卉植物的基准测量集）、MNIST（1998 年发布的 60000 张手写体数字）、Titanic（来自泰坦尼克百科全书和其他来源的泰坦尼克号乘客个人信息）等。许多经典数据集已作为 Python 和 R 语言机器学习软件包中的一部分而提供。这些数据集代表了一些典型的机器学习任务类型，对于算法演示非常有用。但在 Swift 中并未提供类似的库。不过这种库的实现非常简单，对于想要在 GitHub 上获得一些星级认证的人而言简直就是唾手可得。

• 开放和商业的数据集资源库，许多机构会根据不同许可发布一些数据以满足大众需求。这样就可以在训练实际模型或收集个人数据集时采用这些数据。

这些公共数据集资源库包括：

■ UCI ML 资源库 http：//archive. ics. uci. edu/ml/index. php。

■ Kaggle 数据集：https：//www. kaggle. com/datasets。

■ data. world，一个共享数据集的社交网络：https：//data. world。

要获取更多信息，请访问 KDnuggets 的资源库列表：https：//www. kdnuggets. com/datasets/index. html。或者还可以访问 Wikipedia 获取数据集列表：https://en. wikipedia. org/wiki/List_of_datasets_for_machine_learning_research。

• 数据收集，如果没有有助于解决问题的现成数据，则需要进行数据收集（获取）。但如果必须临时收集数据，则资源和时间成本都很高；然而，在许多情况下，数据只是某些其他过程的副产品，可以通过从数据中提取有用信息来构建新的数据集。例如，文本语料库可从爬行动物维基百科或新闻网站上整理而得。iOS 会自动收集一些有用数据。HealthKit 是一个用户健康测量的标准数据库。Core Motion 可允许获取用户活动的历史数据。ResearchKit

提供了评估用户健康状况的标准化过程。CareKit 支持标准化的投票行为。另外，在某些情况下，还可以挖掘应用程序的日志以获得有用信息。

在大多情况下，收集数据是远远不够的，因为原始数据并不适用于许多机器学习任务。因此，数据收集的下一步是对数据进行标记。例如，已收集了图像数据集，接下来需要为每幅图像添加一个标签：该图像属于哪个类别？这可以手动（通常成本较高）、自动（有时不可能实现）或半自动完成。手动标记也可通过外包平台来扩展，如亚马逊 Mechanical Turk。

● 随机数据生成，非常适用于快速验证思路或与 TDD 方法相结合。此外，有时在真实数据中添加一些可控的随机性可以改善学习效果。这种方法称为数据增强。例如，在谷歌翻译移动应用程序中，采用这种方法来构建光学字符识别功能。为训练该模型，需要很多具有不同语言字母的真实照片，而这些并不具备。工程团队人员通过创建一个包含人工反射、污渍和各种受腐蚀的大量字符数据集来规避这一问题。这样显著提高了识别质量。

● 实时数据源，如惯性传感器、GPS、相机、传声器、仰角传感器、接近传感器、触摸屏、力触觉和 Apple Watch 传感器等，都可用于收集独立数据集或随时训练模型。

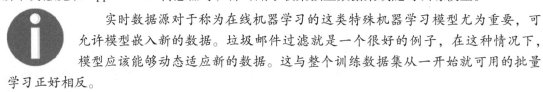

　　　　　　　实时数据源对于称为在线机器学习的这类特殊机器学习模型尤为重要，可允许模型嵌入新的数据。垃圾邮件过滤就是一个很好的例子，在这种情况下，模型应该能够动态适应新的数据。这与整个训练数据集从一开始就可用的批量学习正好相反。

1.6.5　数据预处理

数据中的有用信息通常称为信号。另一方面，表示不同类型错误和不相关数据的数据片段称为噪声。在测量、信息传输过程中，或由于人为错误，可能会在数据中产生错误。数据清理过程的目标是提高信噪比。在这一阶段，通常会将所有数据转换为一种格式，去除缺少值的项，并检查可疑的异常值（可以是噪声或信号）。在第 13 章中，我们将讨论数据相关的常见问题以及如何解决这些问题。

1.7　模型选择

假设现已明确了任务，并具有了数据集。那么接下来该做什么？这时需要选择一个模型并在数据集上对其进行训练，以执行相应的任务。

模型是机器学习中的核心概念。机器学习本质上是利用数据构建实际环境中模型的一门科学。模型一词是指建模过程，而地图是指实际领域。根据具体情况，可以起到良好的近似作用，一种过时的描述（在快速变化的环境中），甚至是自我应验的预测（如果模型会影响建模对象）。"所有模型都是有错的，但其中一些模型是有用的"，这是统计学中的一句名言。

1.7.1　机器学习算法类型

机器学习模型/算法通常根据输入类型可分为三类：

- 监督学习。
- 无监督学习。
- 强化学习。

这种划分比较模糊，因为有些算法可能属于其中的两类，而有些算法哪一类都不属于。另外还有一些中间状态，如半监督学习。

这三类算法可执行不同的任务，因此，根据模型输出又分为不同的子类。表 1.3 给出了最常见的机器学习任务及其分类。

表 1.3　机器学习任务

任务	输出类型	问题示例	算法
监督学习			
回归	实数	根据房价特点来预测房价	线性回归和多项式回归
分类	类别	垃圾邮件分类	KNN、朴素贝叶斯、逻辑回归、决策树、随机森林和支持向量机
排序	自然数（有序变量）	按相关性对搜索结果排序	有序回归
结构化预测	结构：树、图等	词性标记	递归神经网络、条件随机场
无监督学习			
聚类	对象组	构建有机生物体的树	分层聚类、$k-$均值、GMM
降维	给定特征的紧凑表征	寻找大脑活动中的最重要成分	PCA、$t-$SNE 和 LDA
异常值/异常检测	非模板对象	欺诈检测	局部异常因子
关联规则学习	规则集	智能家居入侵检测	先验信息
强化学习			
受控学习	最大预期收益策略	学习玩电子游戏	$Q-$学习

1.7.2　监督学习

监督学习是最常见且最容易理解的机器学习类型。所有监督学习的算法都具有一个共同的前提条件：应具有一个标记的数据集来进行训练。这里的数据集是一组样本，以及每个样本的预期输出（标签）。这些标签在训练过程中起到监督的作用。

在各种出版物中，标签的具体名称可能不同，包括因变量、预测变量和解释变量。

监督学习的目标是得到一个函数，该函数对于每个给定的输入可返回期望的输出。在最简单的版本中，监督学习过程包括两个阶段：训练和推理。在第一阶段，利用标记的数据集来训练模型。在第二阶段，利用模型来完成一些具体任务，如预测。举例说明，给定一组标记图像（数据集），可训练一个神经网络（模型）来预测（推断）之前未知图像的正确标记。

通过监督学习，通常来解决两类问题：分类或回归。区别在于标签类型不同：第一种情况下是类别，而第二种情况则是实数。

分类是指简单地从预定义集合中指定一种标签。二元分类是一种特殊形式的分类，即只有两种标签（正和负）。一个分类任务示例是将邮件标记为垃圾邮件/非垃圾邮件。我们将在下一章中训练第一个分类器，且在全书中将针对多种实际任务采用不同的分类器。

回归是针对某一给定情况分配实数的任务。例如，预测给定员工的薪水。我们将在第 6 章和第 7 章中详细讨论回归问题。

如果任务是按某种顺序排序对象（输出一个排列方式，也可以是一种组合形式），且标签不是实数而是对象顺序，那么就需要采用排序学习。当打开 iOS 上的 Siri 建议菜单时，就会观察到排序算法的作用。列表中的每一个应用都会根据具体相关性来排序。

如果标签是复杂对象，如图或树，则分类和回归方法都不起作用。结构化预测算法是解决这类问题的一种算法。这类任务的一个示例是将英语句子分解成句法树结构。

排序学习和结构化学习已超出本书范畴，因为这些用例没有分类或回归那么常见，但至少现在知道在需要的时候可以通过 Google 搜索什么关键词了。

1.7.3　无监督学习

在无监督学习中，数据集中的案例没有标签。无监督学习可解决的任务类型有：聚类、异常检测、降维和关联规则学习。

有些时候尽管数据并不具有相应标签，但仍希望以某种有效方式对数据进行分组。确切的分组个数已知与否都可以，这是采用聚类算法所需的设置值。最明显的一个示例是将用户分组，如学生、家长、游戏玩家等。其中，最重要的是一个组别的含义并非是一开始就预先定义的，而是在完成样本分组之后才命名的。聚类方法也可用于从数据中提取额外特征，作为监督学习的基本过程。我们将在第 4 章中详细讨论聚类方法。

若目标是在数据中发现一些异常模式、奇异数据点时，就需要采用异常值/异常检测算法。这对于自动欺诈或入侵检测尤为有效。异常值分析也是数据清洗的一个重要环节。

降维是一种从数据中提取最大信息量的方法，同时也是数据的一种紧凑表征。目标是在不丢失重要信息的情况下减少一些特征。这也可作为监督学习或数据可视化之前的预处理步骤。

关联规则学习是用于寻找用户行为的重复模式和条目的特殊共现。零售业务中的一个案例是：如果顾客购买了牛奶，是不是更有可能也会购买谷类食物？如果是的话，那么或许最好是将谷类食品和牛奶的货架放置在一起。根据这样的规则，卖家就可以做出明智决定，并根据客户的需求调整相应的服务。在软件开发情况下，这样就可以增强预期设计能力——应用程序似乎了解下一步要做的工作并提供相应的建议。在第 5 章中，我们将详细实现一种先验规则学习算法。

手动标记数据通常是一项成本很高的工作，尤其是在需要特殊限定条件时。当只有部分样本经过标记，而其他样本无标记时，半监督学习就很有必要（见图1.2）。这是监督学习和无监督学习相结合的产物。首先，查找未标记的样本，类似于以无监督学习方式来标记样本，并将其包含在训练数据集中。在此基础上，对扩展后的数据集再以监督学习方式进行训练。

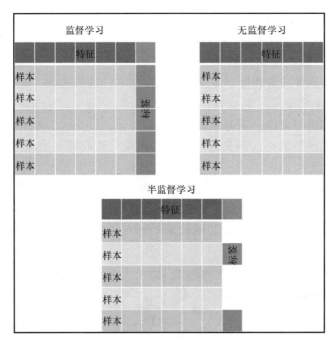

图 1.2　三种学习类型的数据集：监督学习、无监督学习和半监督学习

1.7.4　强化学习

强化学习是一种不需要数据集的特殊学习方式（见图1.3）。它依赖于一个可完成行为选择、改变环境状态的智能体。每经过一步，都会得到回报，这取决于当前状态和之前的行为。目标是获得最大的累积回报。强化学习可用于教计算机玩电子游戏或驾驶汽车。如果仔细一想，强化学习就好比是宠物训练人类的方式：通过摇尾巴来奖励人类行为，或通过挠家具来惩罚。

强化学习的核心问题之一是探索–开发平衡问题——如何在探索新选项和利用已知方法之间达到良好的平衡。

1.7.5　数学优化–学习的工作原理

学习过程是由称为数学优化的一个数学分支驱动的。有时，也会有点误导为数学程序设计；这一术语早在计算机程序设计广泛流行之前就已出现了，因此与之并无直接关系。优化是在可行候选方案中选择一种最优方案的过程，例如，选择最优的机器学习模型。

从数学上讲，机器学习模型就是函数。作为一名工程师，需要根据需求选择函数类型：线性模型、树、神经网络、支持向量机等。学习是一个从函数类型中挑选最能服务于具体目标的函数的过程。最佳模型的概念通常由另一个函数（损失函数）来定义。损失函数是根据一些标准来估计模型的优劣。例如，模型对数据的拟合程度、复杂程度等。可将损失函数看作是一场比赛的评委，其角色是对模型进行评估。学习的目的

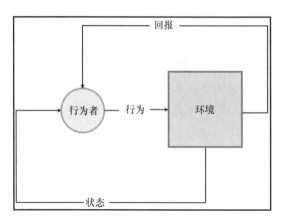

图 1.3　强化学习过程

是找到一个能使损失函数最小（损失最小化）的模型，从而将整个学习过程转变为一个函数最小化的任务。

函数最小化可通过两种方式实现：解析法（微积分）或数值法（迭代方法）。在机器学习中，由于求解损失函数的解析解过于复杂，因此常采用数值优化方法。

一个关于数值优化的交互式教程的网址是：http://www.benfrederickson.com/numerical - optimization/。

从编程人员的角度来看，学习是一个反复调节模型参数直到找到最优解的过程。在实践中，经过多次迭代后，算法会由于陷入局部最优或达到全局最优而停止改进（见图 1.4）。如果算法总是找到局部或全局最优解，则称其达到收敛。另一方面，如果算法越来越振荡，且永远不会达到一个有效结果，则称为发散。

1.7.6　移动端与服务器端的机器学习

大多数 Swift 开发人员都是为 iOS 编写应用程序。那些为 macOS 或服务器端开发 Swift 应用程序的人员则在机器学习方面较为有利。由于依赖于功能强大的硬件设备以及与解释性语言的兼容性，可以利用所需要的任何库和工具。大多数的机器学习库和框架都是在

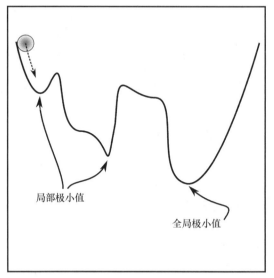

图 1.4　学习系统表示为一个复杂表面上的球：有可能会陷入局部极小值而永远达不到全局极小值

考虑服务器端（或至少是功能强大的桌面机）的情况下开发的。在本书中，我们主要讨论的是 iOS 应用程序，因此大多数实例都考虑了手持设备的局限性。

但是如果移动设备的性能有限，不是也可以在服务器端执行所有的机器学习工作吗？为什么还非要极力在移动设备上执行本地机器学习呢？这是因为在客户机－服务器体系架构中至少存在三个问题。

- 客户端应用程序只有在网络连接时才能完全正常工作。这在发达国家可能不是什么大问题，但这会大大限制目标客户。可以想象一下翻译程序在国外旅行时无法工作的情况。
- 由于向服务器发送数据并得到响应而产生的额外时间延迟。在数据上传、处理和再次下载时，谁能忍受查看进度条，或更糟糕的是"无尽"地等待连接？另外，如果需要立即得到结果且不耗费网络流量呢？客户机－服务器体系架构不可能实现实时音视频处理等机器学习应用程序。
- 隐私问题。数据一旦上传到互联网，那么就不再受控了。在完全监控的时代，如何保证今天上传到云端的那些搞笑自拍，他日不会被用于进行人脸识别训练，或针对一些感兴趣任务的目标跟踪算法，如"无人机杀手"？许多用户都不希望个人信息被上传到服务器上，因为其有很大可能会被分享/出售/泄露给某些第三方。同时苹果公司也主张尽可能减少数据收集。

有些应用程序可能会在上述限制条件下保持正常运行（尽管不是很好），但大多数开发人员还是希望其应用程序能够时刻保证响应、安全和有用。这是只能在设备级机器学习上才能提供的功能。

对于本人而言，最关键的需求是要在无服务器端的情况下进行机器学习。随着硬件性能的逐年提高，移动设备上的机器学习成为一个热门研究领域。现代移动设备的性能已足够强大，可以支持许多机器学习算法。正是由于其无处不在，智能手机已成为如今最具个性化、也可以说是最重要的设备。机器学习编程非常有趣，那么为何只能是服务器端开发人员拥有这些乐趣呢？

在移动端实现机器学习，得到的额外收获是免费的计算能力（不用支付电费）和独特的营销点（所开发的应用程序可使人工智能随手可得）。

1.7.7　了解移动平台的局限性

如果要在移动设备上利用机器学习，应注意以下一些限制。

- 计算复杂度约束。CPU 的负载越大，则电池会越快耗尽。执行一些 ML 算法，很容易将 iPhone 手机变成一个小型加热器。
- 有些模型的训练时间很长。在服务器端，可以训练神经网络数周；但在移动设备上，即使是几分钟的训练时间，都会显得太长。iOS 应用程序可以在后台模式下运行和处理一些数据，比如具有一些如播放音乐等合理原因。但遗憾的是，机器学习并不在这些理由列表中，因此很可能会导致无法在后台模式下运行。
- 有些模型的运行时间过长。需要考虑每秒帧数和良好的用户体验。
- 内存限制。有些模型在训练过程中会不断扩大，而其他模型则保持固定大小。
- 模型大小的限制。一些经过训练的模型可能需要数百兆甚至数千兆字节。但如果应用程序如此庞大，谁还会从应用商店下载呢？

- 本地存储的数据大多仅限于用户不同类型的个人数据，这意味着将无法在移动设备上将不同用户的数据进行聚合并执行大规模的机器学习。
- 许多开源的机器学习库都是在解释性语言下编译的，如 Python、R 和 MATLAB，或是建立在 JVM 上的，这些都与 iOS 不兼容。

上述仅是一些最明显的挑战。在开始开发实际的机器学习应用程序时，将会遇到更多的问题。不过不必过于担心，总有办法来一点一点地解决所有难题。在这方面所付出的努力总将会通过极佳的用户体验和用户满意度来得到回报。平台局限性也并非只针对移动设备。自主设备（如无人机）、物联网、可穿戴设备等开发人员以及许多从事其他领域的人员都面临着同样问题，但都成功地解决了这一问题。

许多这些问题都可通过在功能强大的硬件设备上进行模型训练，然后将其部署在移动设备上的这种方法来解决。另外，还可以选择两种模式的折中方案：较小的模型工作在脱机设备上，而较大的模型运行在服务器上。对于离线工作，可选择具有快速推理的模型，然后对其进行压缩和优化以实现并行执行，例如，在 GPU 上。关于该问题，我们将在第 12 章中进行详细讨论。

1.8　小结

本章学习了与机器学习相关的主要概念。

讨论了人工智能的不同定义和子域，包括机器学习。机器学习是从数据中提取知识信息的科学实践。另外，还阐述了机器学习所隐含的动机。然后，对机器学习的应用领域：数字信号处理、计算机视觉和自然语言处理进行了简要概述。

本章主要学习了机器学习中的两个核心概念：数据和模型。模型和数据一样关键。一个典型的机器学习数据集是由样本组成的，每个样本又都是由特征组成的。现有许多类型的特征和从特征中提取有用信息的技术，这些技术称为特征工程。对于监督学习任务，数据集还包括每个样本的标签。同时概述了数据采集和预处理工程。

最后，学习了三种常见类型的机器学习任务：监督学习、无监督学习和强化学习。在下一章，我们将构建第一个机器学习应用程序。

参 考 文 献

1. Good O. (July 29, 2015), *How Google Translate squeezes deep learning onto a phone*, retrieved from Google Research Blog: `https://research.googleblog.com/2015/07/how-google-translate-squeezes-deep.html`

第2章

分类–决策树学习

在上一章中，我们讨论了不同类型的机器学习，其中包括监督学习的分类任务。本章我们将针对该任务构建第一个 Swift 应用程序。同时将讨论机器学习开发框架的主要组件，并在 Python 中进行数据生成、探索性分析、预处理、模型训练和评估。之后，将生成的模型转移到 Swift 中。另外，还将讨论一类特定的监督学习算法——决策树学习及其扩展：随机森林。

本章主要内容包括：

- 机器学习软件开发框架。
- 用于机器学习的 Python 工具箱：IPython、SciPy、scikit – learn。
- 数据集生成和探索性分析。
- 数据预处理。
- 决策树学习和随机森林。
- 根据不同的性能指标进行模型性能评估。
- 欠拟合和过拟合。
- 将 scikit 学习模型导出为 Core ML 格式。
- 将经过训练的模型部署到 iOS 中。

2.1 机器学习工具箱

多年来，机器学习所用的编程语言如下：Python、R、MATLAB 和 C＋＋。这并不是因为这些编程语言具有某些特殊功能，而是源于其具有的基础配置：库和工具。Swift 是一种相对新颖的编程语言，若要选择将其作为机器学习开发的主要工具，都应从最基本的构建块开始，并创建相应的工具和库。最近，苹果公司开放了第三方 Python 机器学习工具，使 Core ML 可以与其中一些工具协同工作。

以下是成功实现机器学习研究和开发所需的组件列表，以及此类常用库和工具的示例。

- **线性代数** 机器学习开发人员需要向量、矩阵和张量之类具有紧凑语法的数据结构，且对其可进行硬件加速操作。这类语言包括：NumPy、MATLAB、R 标准库和 Torch。

- **概率论** 生成各种随机数：随机数及其集合、概率分布、排列组合、集合混排、加权抽样等。此类语言有 NumPy 和 R 标准库。

- **数据输入输出** 在机器学习中，通常最感兴趣的是解析和保存以下格式的数据：纯文本、表单文件（如 CSV）、数据库（如 SQL）、网络格式（JSON、XML、HTML）和 Web 抓取。此外，还有许多特定域的格式。

- **数据规整** 类似表格的数据结构、数据工程工具：数据集清理、查询、拆分、合并、混排等。此类语言有 Pandas 和 dplyr。

- **数据分析/统计** 描述性统计、假设检验和各种统计信息。此类语言有 R 标准库和许多 CRAN 软件包。

- **可视化** 统计数据可视化（非饼状图）：图形可视化、直方图、马赛克图、热图、树状图、三维曲面、空间和多维数据可视化、交互可视化、Matplotlib、Seaborn、Bokeh、ggplot2、ggmap、Graphviz、D3. js。

- **符号计算** 自动微分：SymPy、Theano、Autograd。

- **机器学习软件包** 机器学习算法和求解器。scikit – learn、Keras、XGBoost、E1071 和 caret。

- **交互式原型环境** Jupyter、R studio、MATLAB 和 iTorch。

这些并不是特定域的工具，如自然语言处理或计算机视觉库。

此外，这些常用的库都与 Swift 不能直接兼容，这意味着无法从 iOS 的 Swift 代码中调用 Keras。所有这些因素都表明 Swift 不能成为机器学习研究和开发的主要工具。但从某种程度上，有一些兼容的库和工具，可以在 Swift 应用程序中解决使用大多数机器学习的问题。在随后的章节中，将构建适用的工具，或根据需要引入第三方工具。在第 10 章中我们将专门讨论机器学习库。不过，对于任何想要从事机器学习研究的读者来说，建议至少充分了解其中一门语言，如 Python、R 和 MATLAB。

2.2 第一个机器学习应用程序原型

通常，在开发用于移动设备的机器学习应用程序之前，需要实现一个快速而简单的原型来检验最初想法。当意识到最初认为可以很好地解决具体问题的模型而实际上却并非如此时，这可以节省大量开发时间。实现原型的一种最快捷方法是使用上节所列出的 Python 或 R 工具。

Python 是一种具有丰富基础架构和受众广泛的通用编程语言。其语法在许多方面与 Swift 的语法相似。在本书中，我们将采用 Python 来进行原型设计，并利用 Swift 进行实际开发。

当经过了想法验证并实现了一个预期的模型原型时，就可以开始考虑如何将其移植到 iOS 中。这时具有几种选项。

仅用于推理时：

- 检查 Core ML 及其支持的 Python 库列表。也许，可以以 Core ML 格式导出模型，并在设备上运行。
- 如果 Core ML 不支持该模型，则需编写自定义的模型转换程序。

用于训练和推理时：

- 从头开始编写算法。在本书中，我们实现了一系列的机器学习算法，你会发现这并不太难。不过，这会花费大量时间，且模型结果可能也会有很大差异。
- 查找可用的 iOS 兼容库（请参阅第 11 章）。

2.2.1　工具

以下是在随后章节中所用的工具列表。

- Homebrew：这是专用于 macOS 的软件包管理器。官方网站：https：//brew. sh/。
- Python：这是一种常用于机器学习和数据科学的通用编程语言。官方网站：https：//www. python. org/。
- pip：这是 Python 包管理器。与 CocoaPods 不同，其是以整体方式安装库，而不是以每个项目的方式安装。
- Virtualenv：这是一个用于创建具有不同 Python 版本和软件库集合的 Python 独立环境的工具。
- IPython：这是用于科学计算的交互式 Python REPL。
- Jupyter：这是用于 IPython 的网页图形化交互界面。官方网站：http：//jupyter. org/。
- Graphviz：这是一个图形可视化的开源工具。在本章中，我们将使用该工具来绘制模型的内部结构。官方网站：http：//www. graphviz. org/。

另外，Python 软件包包括下面内容。

- scipy：这是一个用于数学、科学和工程的基于 Python 的开源软件系统。官方网站：https：//www. scipy. org/。
- numpy：这是一个数值处理软件库。
- matplotlib：这是一个常用的绘图软件库。
- pydotplus：这是一个树可视化软件库，与 Graphviz 相对应。
- scikit－learn：这是一个常用的机器学习库。官方网站：https：//scikit－learn. org/stable/。
- coremltools：这是一个用于将 scikit 学习模型保存为 Core ML 格式的 Apple 软件包。官方网站：https：//pypi. python. org/pypi/coremltools。

2.2.2　设置机器学习环境

由于 Python 2 和 Python 3 之间存在反向兼容性问题，在 Python 讨论区中出现了一种明显划分——大多项目仍采用 Python 2.7（2010 年发布），而许多新的工具并不与 Python 2.7 后向兼容，因为这些工具是基于 Python3. x 的。一些工具具有两种版本。macOS 中提供了预装的旧版 Python 2. 7. 10（2015 年发布）。如果没有明确提及，在本书中将采用系统默认的 Python。主要原因是 Core ML 工具仅与 Python 2. 7. x 兼容。

以下步骤是假定除系统默认版本之外，没有安装其他 Python 版本（如 Anaconda 或通过 Homebrew）。如果安装了其他 Python 发行版，则可能会知道如何安装所需的软件包并创建虚拟环境。

首先，在终端中，转到用户根目录下：

```
> cd ~
```

在 Mac 系统中，登录用户在默认的设计情况下只有有限权限，以增强安全性。使用 sudo 命令，可以根据具体情况以附加权限执行任务。此过程有助于通过避免意外操作来简化安全性能。

pip 是一个 Python 软件包管理器。与最新版本的 Python 不同，系统默认情况下不包含 pip。相反，是具有旧版软件包管理器 easy_install。除安装 pip 之外，请勿用于任何其他用途，因为这可能会导致系统混乱。另外，这也需要 sudo 权限才能安装，如下：

```
> sudo easy_install pip
```

如果预先安装了某种版本的 pip，则可以通过以下命令升级到最新版本：

```
> pip install --upgrade pip
```

许多第三方程序都是使用系统自带的 Python 版本，因此，为了避免冲突，更为安全的方法是创建独立的 Python 环境并在其中安装所需的所有依赖项。Virtualenv 是一个用于创建独立 Python 环境的工具。macOS 中的 Python 同样也缺少此工具，但在所有最新发行的 Python 3. 3 及更高版本中都默认安装了该工具。成功安装 pip 之后，可以利用其来安装 virtualenv：

```
> pip install -U virtualenv
```

–U 选项是表明 pip 仅为当前用户安装软件包。

切勿在 sudo 权限下运行 pip。只要是需要 sudo 权限运行 pip，就表明出现错误。

要为本书示例创建一个虚拟环境，请执行：

```
> cd ~
> virtualenv swift-ml-book
```

这将会创建一个 swift – ml – book 文件夹，并在其中创建 Python、pip 和其他工具的一个独立副本。运行以下命令，可切换到该环境（激活环境）：

```
> source swift-ml-book/bin/activate
```

现在，swift – ml – book 在终端中预处理了所有命令，这样就可获悉当前所处的环境。如果要停用 Python 3 环境，请运行：

```
> deactivate
```

最后，安装软件库，需确保已激活环境：

```
> pip install -U numpy scipy matplotlib ipython jupyter scikit-learn
pydotplus coremltools
```

这时，应该会观察到命令行上的多行输出，下载和安装所有依赖项可能需要一段时间。最终，会看到消息提示成功安装，以及已安装的软件包列表。这会比 pip 安装所提供的更多，因为其中包含了许多临时依赖项。

最重要的是，现在在终端中会有两个新的命令：ipython 和 jupyter notebook。第一个命令是运行交互式 IPython REPL，而第二个命令是运行 IPython 的基于 Web 的 GUI，在此可创建 notebooks——交互式文档，类似于 Swift 中的 playgounds。

此外，还需安装 Graphviz——一种用于图形可视化的开源工具。该工具可以从官方网站下载，或通过 Homebrew 安装：

```
> brew install graphviz
```

如果没有 Homebrew，则需进行安装。安装命令如下所示，但最好查看官方网站（https：//brew. sh/）上的最新准确命令：

```
> ruby -e "$(curl -fsSL
https://raw.githubusercontent.com/Homebrew/install/master/install)"
```

2.3　IPython notebook 速成

如果已熟悉 Python 和 Jupyter notebook，可跳过本节。

IPython notebook 及其基于 Web 的 GUI——Jupyter 是进行数据驱动的机器学习开发的标准工具。Jupyter 也是学习 Python 及其库的快捷工具。可以将代码段与标记格式的注释组合在一起。还可以在适当位置执行代码段，将这些代码段依次链接，则可立即查看计算结果。另外，还允许在 notebook 中嵌入交互式图表、表格、视频和其他多媒体对象。在此，将利用 Jupyter notebook 来快速编写模型原型。

要创建一个新的 notebook，需在终端中运行：

```
> jupyter notebook
```

之后将会看到类似于以下的输出：

```
[I 10:51:23.269 NotebookApp] Serving notebooks from local directory: ...
[I 10:51:23.269 NotebookApp] 0 active kernels
[I 10:51:23.270 NotebookApp] The Jupyter Notebook is running at:
http://localhost:8888/?token=3c073db5636e366fd750e661cc597652025fdbf41162c1
25
[I 10:51:23.270 NotebookApp] Use Control-C to stop this server and shut
down all kernels (twice to skip confirmation).
```

请注意，输出中的这些 URL：

http://localhost:8888/token = 3c073db5636e366fd750e661cc597652025fdbf41162c125。

将上述地址复制并粘贴到浏览器中以打开 Jupyter。

> 在 Python 3 中，Jupyter 会在默认的浏览器窗口自动打开一个新标签页，其地址为 http://localhost:8888/tree。

单击"新建"按钮，并在下拉菜单中选择"Python 2"。这将在新的浏览器标签页中打开一个新的 notebook。

要停止 IPython，需在终端中按下 Ctrl + C 组合键，然后在出现提示时输入 y。退出前，请不要忘记保存在 notebook 中的所有更改。

接下来，试着了解 notebook 是如何工作的。在 notebook 顶部的单元格中，输入 import this，然后按下 Shift + Enter 组合键。将看到 The Zen of Python——每个 Python 程序员都应遵循的规则简表。我们同样也需遵循这些规则。Python 样式指南的扩展版本称为 PEP 8，可在以下网址找到：https://www.python.org/dev/peps/pep-0008/。

在新的单元格中输入：

```
a = 2**32
b = 64**(1/2.)
a = a+b
a
```

然后，按下 Shift + Enter 组合键。就会计算 $2^{32} + \sqrt{64}$，并将结果保存到变量 a 中。运算符 ** 表示幂运算，a 和 b 为变量（不是 let 或 var）。整型 1 和浮点型 2 之间进行强制类型转换。Python 是弱类型定义语言，因此可将变量 b 的浮点值赋值给整型变量 a。Jupyter 输出单元格中最后一行的值。另外，需注意的是，现在的变量 a 和 b 在下一个单元格中可用。

如果不熟悉 Python，也不必担心，这是一种相对简单的语言。有关 Python 的速成教程，请访问：

https://learnxinyminuter.com/docs/python/。

若要查看如何添加和格式化注释，请将光标置于新的单元格中，从"工具"面板单元格的下拉菜单中选择 Markdown 类型，然后将一些标记代码片段置于该单元格中。例如，以下代码段是带有 MathJax 格式公式和图片的一个简单文本。

```
# 这是一个示例文本
$$Formula = {Numerator over Denominator}$$
![]( https://imgs.xkcd.com/comics/conditional_risk.png)
> Sample text to demonstrate the few markdown feature available to easily
create documents. [Packt Hyperlink](http://packtpub.com/)
```

这时将会得到一个格式良好的 MathJax 公式、图像和某种格式化的文本。若要了解更多有关标记格式的信息，请搜索以获取标记教程或备忘录。

另外，还可以在 notebook 中执行 bash 命令；只是在其前面添加一个感叹号：

```
In []:
! ls

Out[]:
The content of your work folder goes here...
```

2.4　实践练习

在下面各节中，我们将深入实践机器学习，以了解其具体实现。就像在戏剧中一样，在机器学习中，也存在一个角色列表和行为列表。

两个主要角色是：
- 数据集。
- 模型。

三种主要行为是：
- 数据集准备。
- 模型训练。
- 模型评估。

　　经过所有这些行为，在本章结尾时，我们将会得到第一个经过训练的模型。首先，需要定义一个问题，然后开始利用 Python 编写一个原型。最终目的是在 Swift 中实现一个实际模型。不过，不要太在意问题本身，因为作为第一个练习示例，下面仅是解决一个虚构的问题。

2.5　用于"外星生命探索器"的机器学习

　　毫无疑问，Swift 是一种面向未来的编程语言。在最近的几年中，预计 Swift 会用于为探索外星行星及其存在的生命形式的智能侦察机器人编写程序。这些机器人应能够识别和分类将会遇到的外星生物。接下来，建立一个模型来根据其特征区分两个外来物种。

　　在这个遥远星球的生物圈中主要包括两个物种：夜行食肉动物拉博索龙和温顺的食草动物鸭嘴兽（见图 2.1）。侦察机器人配备的传感器只能测量每个个体的三种特征：长度（单位为 m）、颜色和毛发。

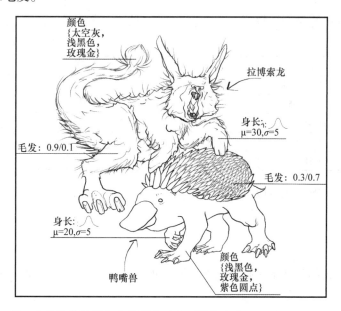

图 2.1　第一个机器学习任务中的研究对象（图片来自于 Mykola Sosnovshchenko）

本章 Python 部分的完整代码可在下列文件中找到：ML_Intro. ipynb。

2.6 加载数据集

创建并打开一个新的 IPython notebook。在本章的补充材料中，可以看到文件 extraterrestrials. csv。将其复制到创建 notebook 的同一文件夹中。在 notebook 的第一个单元格中，执行魔法（magical）函数命令：

```
In []:
%matplotlib inline
```

这可实现将来直接在 notebook 中查看内联图。

用于加载和处理数据集的库是 pandas。接下来，导入 pandas 库，并加载 . csv 文件：

```
In []:
import pandas as pd
df = pd.read_csv('extraterrestrials.csv', sep='t', encoding='utf-8',
index_col=0)
```

对象 df 是一个数据帧。这是一种类似于表的数据结构，旨在对不同数据类型进行有效处理。要查看具体内容，执行：

```
In []:
df.head()
Out[]:
```

这将输出下表中的前五行数据。其中前三列（长度、颜色和毛发）是特征，最后一列是分类标签。

	长度	颜色	毛发	标签
0	27. 545139	玫瑰金	真	拉博索龙
1	12. 147357	玫瑰金	假	鸭嘴兽
2	23. 454173	浅黑色	真	拉博索龙
3	29. 956698	玫瑰金	真	拉博索龙
4	34. 884065	浅黑色	真	拉博索龙

总共有多少样本呢？运行以下代码可得到样本个数：

```
In []:
len(df)
Out[]:
1000
```

看起来一开始大部分样本是拉博索龙。随机抽取 5 个样本，观察是否在数据集中其他部分同样成立：

```
In []:
df.sample(5)
Out[]:
```

	长度	颜色	毛发	标签
565	17.776481	紫色圆点	假	鸭嘴兽
491	19.475358	浅黑色	真	拉博索龙
230	15.453365	紫色圆点	假	鸭嘴兽
511	17.408234	紫色圆点	真	鸭嘴兽
875	24.105315	浅黑色	真	拉博索龙

好吧，这没什么用，因为以这种方式分析表中内容太烦琐了。为此，需要一些更高级的工具来进行描述性统计计算和数据可视化。

2.7 探索性数据分析

首先，要查看每类中有多少个体。这一点很重要，因为如果类分布非常不均衡（例如，1～100），则在训练分类模型时会遇到问题。可以通过点运算符获取数据帧的各列。例如，df.label 将会返回 label 列作为新数据帧。针对数据帧类，具有各种有效方法来计算统计信息。value_counts（）方法可返回数据帧中每种元素类型的个数。

```
In []:
df.label.value_counts()

Out[]:
platyhog      520
rabbosaurus   480
Name: label, dtype: int64
```

就本例的目的而言，类分布看起来还不错。接下来，分析一下这些特征。

首先需要按类别对数据进行分组，并分别计算特征的统计信息，以查看生物类别之间的差异。这可以利用 groupby（）方法完成。由此得到对数据进行分组后的列的标签：

```
In []:
grouped = df.groupby('label')
```

分组数据帧具有与原始数据帧相同的所有方法和列标签。首先查看长度特征的描述性统计：

```
In []:
grouped.length.describe()
Out[]:
```

标签	个数	均值	标准差	最小值	25%	50%	75%	最大值
鸭嘴兽	520.0	19.894876	4.653044	4.164723	16.646311	20.168655	22.850191	32.779472
拉博索龙	480.0	29.984387	5.072308	16.027639	26.721621	29.956092	33.826660	47.857896

从上表中可以了解到什么信息呢？鸭嘴兽的平均长度约为 20m，标准差约为 5。拉博索龙平均长度为 30m，标准差也为 5。最小的鸭嘴兽仅约 4m，而最大的拉博索龙约 48m。尽管两种动物都较大，但仍小于地球上曾经最大的生命体。

颜色分布可通过常用的 value_counts（）方法进行查看：

```
In []:
grouped.color.value_counts()
Out[]:
label           color
platyhog        light black          195
                purple polka-dot     174
                pink gold            151
rabbosaurus     light black          168
                pink gold            156
                space gray           156
Name: color, dtype: int64
```

也可以采用 unstack（）和 plot（）方法以更直观的形式表示：

```
In []:
plot = grouped.color.value_counts().unstack().plot(kind='barh',
stacked=True, figsize=[16,6], colormap='autumn')
Out[]:
```

由图 2.2 可知，紫色圆点是区分鸭嘴兽类的有效预测指标。但如果观察到一个太空灰色的个体，可以确定这应该是拉博索龙。

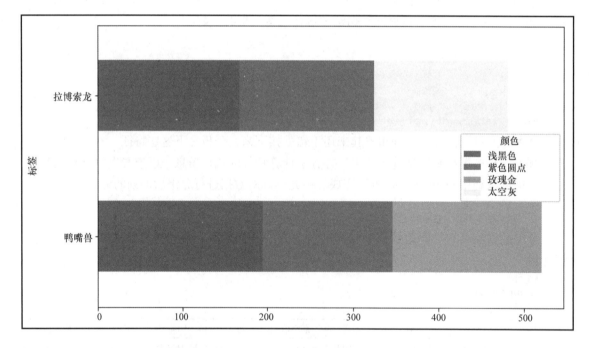

图 2.2   颜色分布

同理，也可以可视化毛发分布，如图 2.3 所示：

```
In []:
plot = grouped.fluffy.value counts().unstack().plot(kind='barh',
stacked=True, figsize=[16,6], colormap='winter')
Out[]:
```

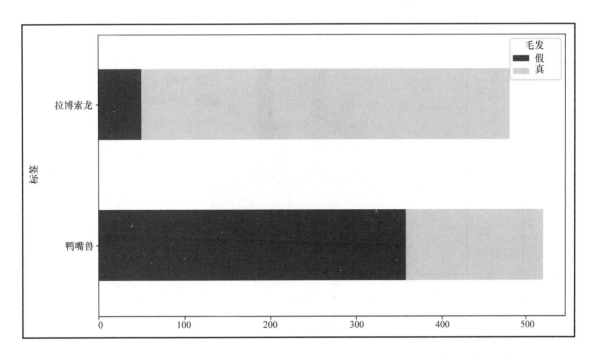

图 2.3 毛发分布

拉博索龙有三种颜色：浅黑色、玫瑰金和太空灰色。其中90%是有毛发的（其余10%可能是老的和秃的）。另一方面，鸭嘴兽可能是浅黑色、玫瑰金或紫色圆点。其中30%是有毛发的（或许是产生了变异?）。

若要实现更复杂的数据可视化，则需要 matplotlib 绘图库：

```
In []:
import matplotlib.pyplot as plt
```

绘制长度分布的直方图（见图2.4）：

```
In []:
plt.figure()
plt.hist(df[df.label == 'rabbosaurus'].length, bins=15, normed=True)
plt.hist(df[df.label == 'platyhog'].length, bins=15, normed=True)
plt.title("Length Distribution Histogram")
plt.xlabel("Length")
plt.ylabel("Frequency")
fig = plt.gcf()
plt.show()
Out[]:
```

总的来说，可以认为鸭嘴兽体型较小，主要是在 $20\sim30$m 的范围区间，但仅靠长度不足以区分这两种类别。

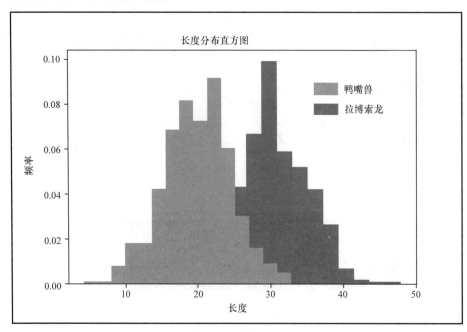

图 2.4　长度分布

2.8　数据预处理

在以下各节中，将介绍不同的数据处理技术。

2.8.1　转换分类变量

正如上述所述，数据帧可以包含具有不同类型数据的列。要查看每一列的数据类型，可以查看数据帧的 dtypes 属性。此处，可将 Python 属性视为类似于 Swift 属性：

```
In []:
df.dtypes
Out[]:
length     float64
color      object
fluffy       bool
label      object
dtype: object
```

虽然 length 和 fluffy 列中已包含预期的数据类型，但颜色和标签的类型仍不明确。这些对象究竟是什么呢？意味着这些列可以包含任何类型的对象。目前，其中包含了字符串，但真正希望的是分类变量。记得在上一章中提到，分类变量就像 Swift 中的枚举变量一样。幸运的是，数据帧已具有将列中的一种类型转换为另一种类型的便捷方法：

```
In []:
df.color = df.color.astype('category')
df.label = df.label.astype('category')
```

正如上述代码所示，方法非常简单。现在具体查看一下：

```
In []:
df.dtypes
Out []:
length       float64
color        category
fluffy          bool
label        category
dtype: object
```

由此可见，颜色和标签是分类变量。要查看这些类别中的所有颜色，可执行下列代码：

```
In []:
colors = df.color.cat.categories.get_values().astype('string')
colors
Out []:
array(['light black', 'pink gold', 'purple polka-dot', 'space gray'],
dtype='|S16')
```

正如预期所示，现有四种颜色。'|S16'代表长度为 16 个字符的字符串。

2.8.2　从标签提取特征

现在需要从标签中提取特征，因为需将这些特征分别输入到模型中，代码如下：

```
In []:
features = df.loc[:,:'fluffy']
labels = df.label
```

df.loc［:,: fluffy］这种结构体表明需要数据帧中的所有行（第一列），以及从第一行开始到 fluffy 结尾的列。

2.8.3　独热编码

大多数机器学习算法都不能处理分类变量，因此通常希望将其转换为独热向量（统计学家更喜欢称之为虚拟变量）。现在，先进行转换，然后再解释什么是独热变量，代码如下：

```
In []:
features = pd.get_dummies(features, columns = ['color'])
features.head()
Out []:
```

	长度	毛发	浅黑色	玫瑰金	紫色圆点	太空灰
0	27.545139	真	0	1	0	0
1	12.147357	假	0	1	0	0
2	23.454173	真	1	0	0	0
3	29.956698	真	0	1	0	0
4	34.884065	真	1	0	0	0

由上表可知，现在不是仅有颜色一列，而是有四列：浅黑色、玫瑰金、紫色圆点和太空灰。每个样本的颜色在相应列中编码为 1。如果可以简单地用 1~4 的数字来表示颜色，为什么还需要这个呢？好吧，这就是问题所在：为什么更倾向于 1~4，而不是 4~1 或 2 的幂以及素数？这些颜色本身不会包含任何与之相关的定量信息。因此，不能从大到小进行排序。如果人为引入这些信息，则机器学习算法可能会试图利用这些无意义的信息，从而最后

会得到一个貌似没有规律性的分类器。

2.8.4　数据拆分

最后，希望将数据分为训练集和测试集。仅在训练集上来训练分类器，因此在评估其性能之前，将永远不会观测到测试集。这是非常重要的一步，因为在后面章节会看到，在测试集上的预测质量可能与在训练集上所得的质量差异很大。数据拆分是机器学习任务特有的操作，为此需导入 scikit – learn（一个机器学习软件包）并利用其中的一些功能，代码如下：

```
In []:
from sklearn.model_selection import train_test_split
X_train, X_test, y_train, y_test = train_test_split(features, labels,
test_size=0.3, random_state=42)
X_train.shape, y_train.shape, X_test.shape, y_test.shape
Out[]:
 ((700, 6), (700,), (300, 6), (300,))
```

现在，已有 700 个训练样本，且每个样本具有 6 个特征，以及 300 个具有相同特征个数的测试样本。

2.9　无处不在的决策树

在第一个机器学习练习中所用的算法称为决策树分类器。决策树是描述决策过程的一组规则（见图 2.5，详见后文讲解）。

除机器学习之外，决策树也在不同领域得到了广泛使用。例如，在商业分析中。决策树得以广泛应用的原因很容易理解：易于解释，且易于可视化。多年来，决策树都是根据专业领域的专家知识人工构建的。幸运的是，现在通过机器学习算法，可以轻松地将几乎任何标记的数据集转化为决策树。

2.10　训练决策树分类器

现在，学习如何训练决策树分类器，如下列代码段所示：

```
In []:
from sklearn import tree
tree_model = tree.DecisionTreeClassifier(criterion='entropy',
random_state=42)
tree_model = tree_model.fit(X_train, y_train)
tree_model
Out[]:
DecisionTreeClassifier(class_weight=None,
            criterion='entropy', max_depth=None,
            max_features=None, max_leaf_nodes=None,
            min_impurity_split=1e-07, min_samples_leaf=1,
            min_samples_split=2, min_weight_fraction_leaf=0.0,
            presort=False, random_state=42, splitter='best')
```

其中，最感兴趣的是 DecisionTreeClassifier 的类属性：

- criterion：最佳分区的估计方法（请参阅 2.11 节）。
- max_depth：决策树的最大深度。
- max_features：一次划分所需考虑的最大属性个数。
- min_samples_leaf：叶子中的最小对象个数。例如，如果等于 3，则树将只生成那些至少三个对象为真的分类规则。

这些属性称为**超参数**。与模型参数不同：超参数是用户可以调整的参数，而模型参数是机器学习算法所学习的参数。在决策树中，参数是指节点中的特定规则。必须根据输入数据来调整树的超参数，通常采用交叉验证（继续调节）来完成。

决策树分类器的相关文档：

http://scikit - learn. org/stable/modules/tree. html。

不是由模型本身进行调整（学习）的，但是可由用户调整的模型属性称为超参数。对于本例中的决策树模型，这些超参数是 class_weight、criterion、max_depth、max_features 等。超参数就像调节模型的旋钮一样，可以使得模型适应于特定需求。

2.10.1　决策树可视化

观察如下所示的决策树可视化代码。

```
In []:
labels = df.label.astype('category').cat.categories
labels = list(labels)
labels
Out[]:
[u'platyhog', u'rabbosaurus']
```

定义一个变量来保存所有特征名称：

```
In []:
feature_names = map(lambda x: x.encode('utf-8'),
features.columns.get_values())
feature_names
Out[]:
['length',
 'fluffy',
 'color_light black',
 'color_pink gold',
 'color_purple polka-dot',
 'color_space gray']
```

然后，利用 export_graphviz 函数创建图对象：

```
In []:
import pydotplus
dot_data = tree.export_graphviz(tree_model, out_file=None,
                                feature_names=feature_names,
                                class_names=labels,
                                filled=True, rounded=True,
                                special_characters=True)
dot_data
Out[]:
u'digraph Tree {nnode [shape=box, style="filled, rounded", color="black",
fontname=helvetica] ;nedge [fontname=helvetica] ;n0 [label=<length &le;
26.6917<br/>entropy = 0.9971<br/>samples = 700<br/>value = [372, ...
In []:
graph = pydotplus.graph_from_dot_data(dot_data.encode('utf-8'))
graph.write_png('tree1.png')
Out[]:
True
```

在下一单元格上进行标记，以查看新创建的文件，如图 2.5 所示：

```
![][](tree1.png)
```

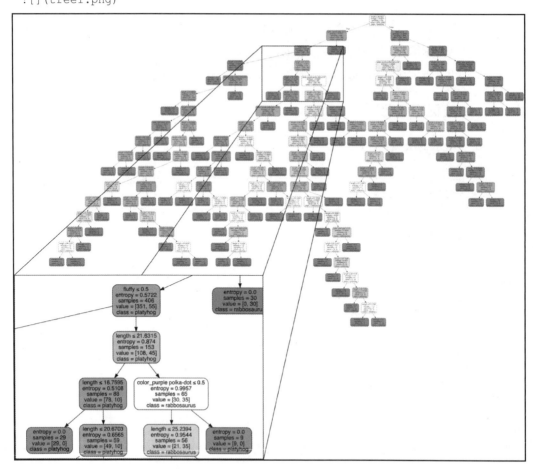

图 2.5　决策树结构及其某一部分的特写

图 2.5 显示了决策树的形状。在训练过程中，它是逆向成长的。数据（特征）是从根节点（顶部）传递到叶节点（底部）。要使用该分类器从数据集中预测样本的标签，就应该从根节点开始，一直移动到叶节点为止。在每个节点中，一个特征与某一值进行比较。例如，在根节点中，决策树将检查长度是否小于 26.0261。如果条件满足，则沿左分支移动；反之，则沿右分支移动。

仔细观察决策树中的一部分。除了每个节点中的条件之外，还有一些有用信息：

- 熵值。
- 训练集中支持该节点的样本数。
- 支持每个结果的样本数。
- 现阶段最有可能的结果。

2.10.2　预测

在此，我们使用 predict 函数来获取两个样本的结果标签。第一种是玫瑰金且具有毛发的生物，长 24m。第二种是太空灰色，无毛发，长 34m 的生物。如果不记得每个特征的含义，请参阅 feature_names 变量，代码如下：

```
In []:
samples = [[24,1,0,1,0,0], [34,0,0,0,0,1]]
tree_model.predict(samples)
Out[]:
array([u'platyhog', u'rabbosaurus'], dtype=object)
```

所构建的模型预测第一个样本是鸭嘴兽，而第二个样本是拉博索龙。决策树还可以提供概率输出结果（表明预测结果的确定程度），代码如下：

```
In []:
tree_model.predict_proba(samples)
Out[]:
array([[ 1.,  0.],
       [ 0.,  1.]])
```

该数组包含两个嵌套数组，每个预测结果一个数组。嵌套数组中的元素是样本属于相应类别的概率。这意味着所构建的模型可以 100% 确保第一个样本属于第一类，且第二个样本100% 属于第二类。

但如何衡量这些预测结果的确定程度呢？现有一组不同的工具来评估模型的准确率，其中最简单的工具是内置的评分函数。

2.10.3　预测准确率评估

评分函数是根据数据来计算模型的准确率。首先，计算该模型在训练集上的准确率，代码如下：

```
In []:
tree_model.score(X_train, y_train)
Out[]:
1.0
```

可以看到，模型准确率为 100%。这是一个非常好的结果吗？先不要着急，还需要在留存的其他数据上检验模型。在测试集上对模型的评估是衡量机器学习是否成功的黄金准则，代码如下：

```
In []:
tree_model.score(X_test, y_test)
Out[]:
0.87666666666666671
```

结果现在变差了。究竟发生了什么呢？当模型试图适应每一个怪异数据时，首先会遇到过拟合问题。该模型针对训练数据进行了很大的调整，以至于对于之前未观测的数据缺乏泛化能力。由于现实世界中的任何数据都包含噪声和信号，因此希望所构建的模型能够适用于信号并忽略噪声分量。过拟合是机器学习中最常见的问题。数据集太小或模型过于灵敏是很常见的。当模型不能很好地拟合复杂数据时，则称为欠拟合，见图 2.6。

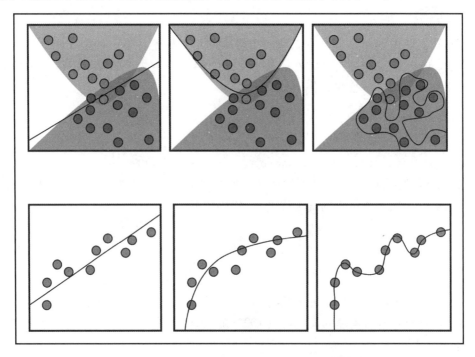

图 2.6　欠拟合不足（右列）、良好拟合（中间）与过拟合（左列）
的对比。上行是分类问题，下行是回归问题

过拟合问题类似于某人只要在网店上浏览过某件商品后，就会在网上到处看到针对同类商品的定向广告。也许该商品可能不再相关，但机器学习算法已对有限数据集过拟合，导致现在所打开的每个页面上都有广告（或在电子商店中浏览过的任何商品）。

不管任何情况，都必须在一定程度上消除过拟合。那么，该如何实现呢？最简单的解决方案是使模型更加简单，且降低灵敏度（或者，对机器学习而言，可以减少模型容量）。

2.10.4　超参数调节

简化决策树的最简单方法是限制其深度。上述决策树的深度是多少呢？由图 2.5 可知，该决策树具有 20 个分支或 21 层。同时，只有 3 个特征。如果考虑独热编码分类颜色，那么实际上有 6 个特征。为此，最大限度地限制决策树的最大深度，使其与特征个数相当。tree_model 对象具有 max_depth 属性，因此将其设置为小于特征个数，代码如下：

```
In []:
tree_model.max_depth = 4
```

经过上述操作，可以重新训练模型并重新评估其准确率，代码如下：

```
In []:
tree_model = tree_model.fit(X_train, y_train)
tree_model.score(X_train, y_train)
Out[]:
0.90571428571428569
```

注意，现在将训练准确率降低约 6%。那么对于测试集，结果如何，代码如下？

```
In []:
tree_model.score(X_test, y_test)
Out[]:
0.92000000000000004
```

现在，对于之前未观察的数据，模型准确率提高了约 4%。如果意识到这是在 1000 种动物的初始数据集中又额外正确分类了 40 种生物，就会觉得这进步很大。在如今的机器学习相关竞赛中，准确率排名第 1 位与排名第 100 位的最终差别也就在 1% 左右。

在对决策树进行深度裁剪后，重新绘制决策树结构，见图 2.7。实现可视化的代码与之前的完全相同。

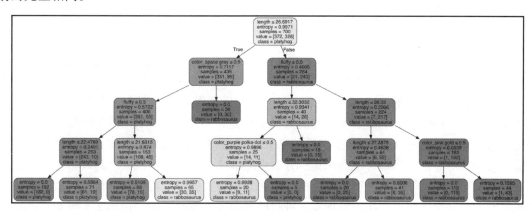

图 2.7　限制深度后的决策树结构

2.10.5　理解模型容量的权衡

在此，以不同的深度来训练决策树，从 1 次分支开始，一直到最多 23 次分支，代码如下：

```
In []:
train_losses = []
test_losses = []
for depth in xrange(1, 23):
    tree_model.max_depth = depth
    tree_model = tree_model.fit(X_train, y_train)
    train_losses.append(1 - tree_model.score(X_train, y_train))
    test_losses.append(1 - tree_model.score(X_test, y_test))
figure = plt.figure()
plt.plot(train_losses, label="training loss", linestyle='--')
plt.plot(test_losses, label="test loss")
plt.legend(bbox_to_anchor=(0., 1.02, 1., .102), loc=3, ncol=2,
mode="expand", borderaxespad=0.)
Out[]:
```

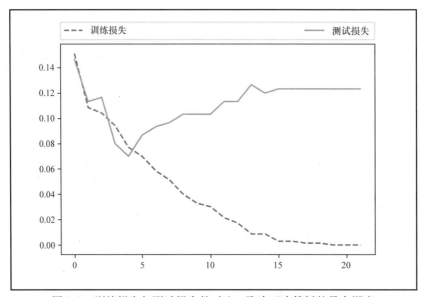

图 2.8　训练损失与测试损失的对比，取决于决策树的最大深度

　　如图 2.8 所示，x 轴代表决策树的深度，y 轴为模型误差。从图 2.8 中观察到一个有趣的现象，这对于任何从事机器学习研究的人可能都是司空见惯的，即随着模型越来越复杂，也更容易过拟合。首先，随着模型容量的增大，训练损失和测试损失（误差）都会减少，但随后会变得不寻常：尽管对于训练集，分类误差继续下降，但测试误差却开始增加。这意味着该模型对于训练样本拟合得太好，由此无法对未知数据进行很好的泛化。这就是为什么必须具有一个预留数据集并在该数据集上进行模型验证的重要原因。由图 2.8 可知，随机选择 max_depth = 4 非常走运，此时的测试误差甚至会低于训练误差。

2.11　决策树学习的工作原理

　　决策树学习是一种用于分类和回归的监督式非参数算法。

2.11.1 由数据自动生成决策树

二十个问题游戏是一个经典游戏，其中一个玩家选择某一物体（或在某些玩法中是选择某一著名人物），但不能向其他玩家透露具体内容。所有其他玩家都通过提问诸如"这个是可以吃的吗？"或"这是人类吗？"之类的问题，而应答者只能回答是或否，然后玩家来尝试猜测这是什么物体。

该游戏本质上是一种决策树学习算法。要想在游戏中获胜，就应该提出判别性很高的问题。例如提出"是否是活的？"这种问题在游戏一开始就显然好于"是黄瓜吗？"这种问题。以一种最佳方式剖析假设空间的能力具体体现了信息增益准则的概念。

2.11.2 组合熵

信息增益准则是基于香农熵的概念。在信息论、物理学和其他领域，香农熵是一个非常重要的主题。

在数学上，香农熵可表示为

$$H = \sum_{i=1}^{N} p_i \log_2 \left(\frac{1}{p_i} \right)$$

式中，i 是系统的一个状态；N 是总的可能状态个数，而 p_i 是系统处于状态 i 的概率。熵描述了系统中的不确定性量。系统阶数越多，则熵越小。

有关信息理论的直观介绍，请参见 http://colah.github.io/posts/2015 – 09 – Visual – Information/ 中 Christopher Olah 的视觉信息理论。

如果想要了解更多有关熵的信息，请参见 https://aatishb.com/entropy/ 中 Aatish Bhatia 的博客文章以绵羊为例来解释熵（Entropy Explained, With Sheep）。

接下来，通过一个简单示例来阐述说明熵对于决策树构建的重要作用。为此，先简化外星生物的分类任务，假设只能测量一种特征：体长。现有 10 个个体（♙ = 鸭嘴兽和 = 拉博索龙），各自体长如下：

真实标签	♙	♙	♙	♙	♙	♆	♙	♆	♆	♆
体长/m	1	2	3	4	5	6	7	8	9	10

如果从该组中随机抽取一个个体，则该个体是鸭嘴兽的概率为 0.6，为拉博索龙的概率为 0.4。在该系统中，两种结果有两种状态。现在计算各自的熵，即

$$H = \frac{6}{10} \times \log_2 \left(\frac{10}{6} \right) + \frac{4}{10} \times \log_2 \left(\frac{10}{4} \right) = 0.97$$

因此，该数据集的不确定性量为 0.97。这表明是较大还是较小呢？现在还无从比较，所以现从中间值（> 5m）划分成两个集合，并计算两个子集的熵，如下：

真实标签	♙	♙	♙	♙	♙	♆	♙	♆	♆	♆
体长/m	1	2	3	4	5	6	7	8	9	10

$$H = \frac{5}{5} \times \log_2\left(\frac{5}{5}\right) = 0$$

$$H = \frac{1}{5} \times \log_2\left(\frac{5}{1}\right) + \frac{4}{5} \times \log_2\left(\frac{5}{4}\right) \approx 0.72$$

这时，两个 H 值均小于刚才的值。这表明可通过在合理位置拆分数据集来减少熵。这一思想就是决策树学习算法的基本原理。

根据信息增益（IG）准则可计算通过拆分数据集减少熵的程度，即

信息增益 = 熵（父代）– 熵的加权和（子代），或

$$IG = H_0 - \sum_{i=1}^{q} \frac{N_i}{N} H_i$$

式中，q 是拆分后的分组个数；N_i 是第 i 组中的元素个数；N 是拆分前的元素总数。在本例中，$q = 2$、$N = 10$、$N_1 = N_2 = 5$，得

$$IG_{\text{length} > 5} = 0.97 - \left(\frac{5}{10} \times 0 + \frac{5}{10} \times 0.72\right) = 0.61$$

这意味着若提问"体长是否大于 5？"，得到的信息增益为 0.61。该值是较大还是较小呢？在此，与根据体长大于 7 进行数据拆分后的信息损失进行比较，得

$$IG_{\text{length} > 7} = 0.97 - \left[\frac{7}{10} \times \left(\frac{1}{7} \times \log_2(7) + \frac{6}{7} \times \log_2\left(\frac{7}{6}\right)\right)\right] \approx 0.56$$

显然，选择中间值会更好一些，因为所有其他拆分情况均不够理想。如果需要，可以随时检查验证。

没有必要再进一步拆分左侧部分，但是可以继续拆分右侧子集，直到其每个子代的熵不等于零为止（见图 2.9）。

这就是决策树，以及构建该决策树的递归算法。不过现在又产生了一个新问题：如何确定何种拆分能够产生最大的信息增益？最简单的方法是贪婪搜索，即检查所有的可能情况。

信息增益只是一种启发式方法，除此之外，还有很多种启发式方法；如在 scikit-learn 决策树学习器中，是采用基尼不纯度作为一种启发式方法。根据密歇根州立大学的相关课程文档所述（http://www.cse.msu.edu/~cse802/DecisionTrees.pdf）：

"如果根据节点 N 处的类别分布来随机选择类别标签，则基尼不纯度是节点 N 处的期望错误率。"

有关 scikit-learn 中用于决策树学习的各种不同启发式方法的更多信息，请查看 DecisionTreeClassifier 的 criterion 属性的相关文档。实际上，基尼不纯度的工作原理非常类似于信息增益。

2.11.3　根据数据评估模型性能

定量评估模型预测质量的方法称为度量。分类问题中最简单的度量指标是准确率，即正确分类情况的比例。准确率度量指标也可能会产生误导。想象一下，现有一个包含 1000 个样本的训练集。其中，999 个样本属于 A 类，而只有 1 个样本属于 B 类。这种数据集就称为

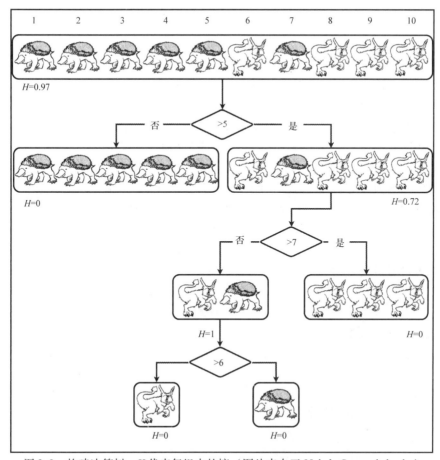

图 2.9　构建决策树，H 代表每组中的熵（图片来自于 Mykola Sosnovshchenko）

不平衡集。在这种情况下，基本（最简单）的解决方法是总是预测为 A 类。这种模型的准确率将为 0.999，似乎结果非常棒，但前提是不知道训练集中的类别比例。现在假设在医学诊断系统中，A 类对应于健康的结果，B 类对应于癌症的结果。显然，0.999 的准确率毫无意义，而且完全具有误导性。另外，还需考虑的另一个问题是，不同错误的代价可能不同。将一个健康的人诊断为有病，或将一个病人诊断为健康，哪种更糟糕呢？这就引出了两种错误类型的概念（见图 2.10）：

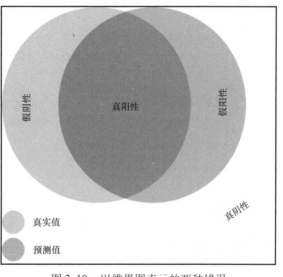

图 2.10　以维恩图表示的两种错误

- I 型错误，也称为假阳性：算法

预测为癌症，而其实并没有癌症。

- Ⅱ型错误，也称为假阴性：算法预测没有癌症，而实际上是患癌病人。

1. 精确率、召回率和 F_1 分数

在考虑到两种错误类型的情况下，要评估算法的质量，准确率度量可能无效。这就是为什么要提出不同度量指标的原因。

精确率和**召回率**是用于评估信息检索和二元分类问题中预测质量的度量指标。精确率是指在所有预测阳性中真阳性的比例。这表明了结果的相关性。召回率，也称灵敏度，是指所有真阳性样本中真阳性的比例。例如，如果一项任务是区分猫的照片和不是猫的照片，则精确率是指正确预测为猫与所有预测为猫的比例。召回率是预测为猫与实际猫总数的比例。

如果将真阳性个数记为 T_p，而假阳性个数记为 F_p，则精确率 P 的计算为

$$P = \frac{T_p}{T_p + F_p}$$

召回率 R 的计算公式为

$$R = \frac{T_p}{T_p + F_n}$$

式中，F_n 是假阴性的个数。

F_1 度量的计算公式为

$$F_1 = 2\frac{P \times R}{P + R}$$

现在，在 Python 中实现代码如下：

```
In []:
import numpy as np
predictions = tree_model.predict(X_test)
predictions = np.array(map(lambda x: x == 'rabbosaurus', predictions),
dtype='int')
true_labels = np.array(map(lambda x: x == 'rabbosaurus', y_test),
dtype='int')
from sklearn.metrics import precision_score, recall_score, f1_score
precision_score(true_labels, predictions)
Out[]:
0.87096774193548387

In []:
recall_score(true_labels, predictions)
Out[]:
0.88815789473684215
In []:
f1_score(true_labels, predictions)
Out[]:
0.87947882736156346
```

2. k 折交叉验证

这是在尚未提出大数据概念、只有个体少量数据但仍需建立可靠模型的阶段所提出并广泛应用的一种方法。首先是要进行数据集清洗，然后将其随机分为几个同样大小的子集，例

如 10 份（这就是 k 折中的 k 值）。将第一个子集作为测试集，在其余的 9 个子集上对模型进行训练。然后，在没有参与训练的测试集上评估训练模型。接下来，取 10 个子集中的第 2 个子集为测试集，并在其余 9 个子集（包括以前用作测试集的子集）上训练模型。同样，在未参与训练的子集上再次验证新的训练模型。重复上述过程，直到 10 个子集中的每个子集都用作过测试集。最终的模型质量度量指标是由 10 次测试的平均度量指标确定，代码如下：

```
In []:
from sklearn.model_selection import cross_val_score
scores = cross_val_score(tree_model, features, df.label, cv=10)
np.mean(scores)
Out[]:
0.88300000000000001
In []:
plot = plt.bar(range(1,11), scores)
Out[]:
```

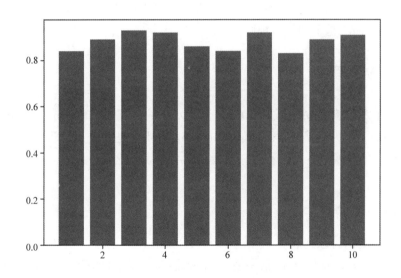

图 2.11　交叉验证结果

从图 2.11 可以看出，模型的准确率取决于拆分数据的方式，但这并不是太重要。通过计算交叉验证结果的均值和方差，可以了解模型在不同数据上的泛化程度以及稳定性。

3. 混淆矩阵

混淆矩阵有助于确定哪些类型的错误经常发生。

```
In []:
from sklearn.metrics import confusion_matrix
confusion_matrix(y_test, tree_model.predict(X_test))
Out[]:
array([[128,  20],
       [ 17, 135]])
```

读取和解释混淆矩阵的方法如下：

真实标签		预测标签	
		鸭嘴兽	拉博索龙
	鸭嘴兽	128	20
	拉博索龙	17	135

矩阵对角线上的值越大越好。

2.12　在 Swift 中实现第一个机器学习应用程序

将模型从 Python 转移到 Swift 的方式有两种：移植经过训练的模型，或在 Swift 中从头开始训练模型。对于决策树，第一种方式很容易实现，因为可将经过训练的模型表示为一组 $if-else$ 条件，这对于手动编码很简单。只有在希望应用程序在运行时学习的情况下才需要从头开始训练模型。在本例中，将采用第一种方法，只不过是利用 Core ML 工具导出 iOS 的 $scikit-learn$ 模型，而不是手动编写规则。

2.13　Core ML 简介

Core ML 是在 2017 年的 Apple WWDC 大会上发布的。其实，将 Core ML 定义为机器学习框架是不准确的，因为其缺乏学习功能；Core ML 本质上是一个用于将预先训练的模型插入 Apple 应用程序的转换脚本集。不过，对于初学者来说，这是一种在 iOS 上运行其第一个模型的简单方法。

2.13.1　Core ML 特征

以下是 Core ML 的特征列表。
- coremltoolsPython 软件包包括一些用于机器学习常用框架（scikit-learn、Keras、Caffe、LIBSVM 和 XGBoost）的转换器。
- Core ML 框架允许在设备上进行推理（进行预测）。
- scikit-learn 转换器还支持一些数据转换和模型流水线设计。
- 硬件加速（高级选项中的 Accrelerate 框架和 Metal）。
- 支持 iOS、macOS、tvOS 和 watchOS。
- 基于 Swift 自动生成满足 OOP 风格互操作性的代码。

Core ML 的最大局限性在于不支持模型训练。

2.13.2　导出 iOS 模型

在 Jupyter notebook 中，执行以下代码可导出模型：

```
In []:
import coremltools as coreml
coreml_model = coreml.converters.sklearn.convert(tree_model, feature_names,
'label')
coreml_model.author = "Author name goes here..."
coreml_model.license = "License type goes here ..."
coreml_model.short_description = "Decision tree classifier for
extraterrestrials."
coreml_model.input_description['data'] = "Extraterrestrials features"
coreml_model.output_description['prob'] =  "Probability of belonging to
class."
coreml_model.save('DecisionTree.mlmodel')
```

scikit – learn 转换器相关文档：

http://pythonhosted. org/coremltools/generated/

coremltools. converters. sklearn. convert. html#coremltools. converters. sklearn. convert

上述代码紧接着 Jupyter notebook 文件创建了 tree. mlmodel 文件。该文件可包含一个模型、一个模型管道（多个模型依次链接）或 scikit – learn 模型列表。根据文档所述，scikit – learn 转换器可支持以下类型的机器学习模型：

- 决策树学习。
- 树集成。
- 随机森林。
- 梯度增强。
- 线性回归和逻辑回归（见第 5 章）。
- 支持向量机（多种类型）。

另外，还支持以下数据转换：

- 归一化器。
- Imputer。
- 标准缩放器。
- DictVectorizer。
- 独热编码器。

值得注意的是，可以将独热编码作为管道的一部分嵌入，因此无须在 Swift 代码中自行完成编码。这样会很方便，因为无须跟踪分类变量的正确级别顺序。

. mlmodel 文件可以是以下三种类型之一：分类器、回归器或转换器，这取决于列表中的最后一个模型或管道。理解 scikit – learn 模型（或其他框架）与在设备上运行的 Core ML 模型之间没有直接对应关系非常重要。由于 Core ML 的源码不开放，因此不知道其底层是如何运行的，也无法确定转换前后的模型是否会产生相同的结果。这意味着需要在设备部署后验证模型，以测试其性能和准确率。

2.13.3　集成学习随机森林

针对电影《魔戒》的粉丝，那么可以用一句话解释：如果决策树是树人，那么随机森林就是树人会议。对于其他人，随机森林算法的工作原理如下：

- 将数据拆分为大小相等的随机子集，可能需要替换。
- 在每个子集上，构建决策树，并在每次拆分时选择一个固定大小的随机特征子集。
- 要进行推理，在决策树中进行选择（分类），或取预测平均值（回归）。

这种决策树集合形式在某些领域非常流行，因为其预测质量优于大多数其他模型。

鉴于内存容量和执行时间的限制，很可能这并不是想要在移动设备上训练的模型，但由于 Core ML 的作用，仍可以用其进行推理。具体工作流程如下：

- 在 scikit – learn 中预训练随机森林。
- 以 scikit – learn 格式导出模型。
- 利用 coremltool Python 软件包将模型转换为 Apple mlmodel 格式。
- 使用 Core ML 框架将模型导入到 iOS 项目中。

另外需要注意的是，如果在调试器或运行环境中查看 GameplayKit 的决策树学习器内部结构，将会发现其在后台也执行了随机森林算法。

2.13.4　训练随机森林

训练随机森林模型与训练决策树大致相同，代码如下：

```
In []:
from sklearn.ensemble import RandomForestClassifier
rf_model = RandomForestClassifier(criterion = 'entropy', random_state=42)
rf_model = rf_model.fit(X_train, y_train)
print(rf_model)
Out[]:
RandomForestClassifier(bootstrap=True, class_weight=None,
criterion='entropy',
            max_depth=None, max_features='auto', max_leaf_nodes=None,
            min_impurity_split=1e-07, min_samples_leaf=1,
            min_samples_split=2, min_weight_fraction_leaf=0.0,

n_estimators=10, n_jobs=1, oob_score=False, random_state=42,
verbose=0, warm_start=False)
```

相关文档参见：

http：//scikit － learn. org/stable/modules/generated/sklearn. ensemble. Random ForestClassifier. html。

2.13.5　随机森林准确率评估

相关代码如下，针对训练数据的损失：

```
In []:
rf_model.score(X_train, y_train)
Out[]:
0.98999999999999999
```

针对测试数据的损失：

```
In []:
rf_model.score(X_test, y_test)
Out[]:
0.90333333333333332
```

交叉验证：

```
In []:
scores = cross_val_score(rf_model, features, df.label, cv=10)
np.mean(scores)
Out[]:
0.89700000000000002
In []:
print("Accuracy: %0.2f (+/- %0.2f)" % (scores.mean(), scores.std() * 2))
Accuracy: 0.90 (+/- 0.06)
```

精确率和召回率：

```
In []:
predictions = rf_model.predict(X_test)
predictions = np.array(map(lambda x: x == 'rabbosaurus', predictions),
dtype='int')
true_labels = np.array(map(lambda x: x == 'rabbosaurus', y_test),
dtype='int')
precision_score(true_labels, predictions)
Out[]:
0.9072847682119205
In []:
recall_score(true_labels, predictions)
Out[]:
0.90131578947368418
```

F_1 分数：

```
In []:
f1_score(true_labels, predictions)
Out[]:
0.90429042904290435
```

混淆矩阵：

```
In []:
confusion_matrix(y_test, rf_model.predict(X_test))
Out[]:
array([[134,  14],
       [ 15, 137]])
```

导出 iOS 的随机森林模型也与决策树的导出方式完全相同。

2.13.6　将 Core ML 模型导入 iOS 项目

创建一个新的 iOS 项目，然后将 DecisionTree. mlmodel 拖放到 Xcode 的项目树中。单击该文件可查看机器学习模型导航界面，如图 2.12 所示。

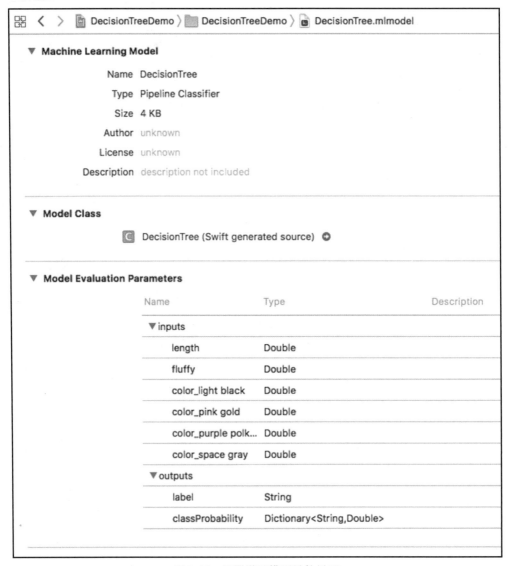

图 2.12   机器学习模型导航界面

在该界面上，可看到熟悉的模型描述、模型类型（在本例中，由于某种原因显示为管道），表示应用程序中模型的 Swift 类名以及输入/输出列表。如果单击"模型类"中类名旁边的小箭头，将会打开自动生成的文件 DecisionTree. swift。这类似于 Core Data 框架，在该框架中具有为 NSMangedObject 子类自动生成的文件。DecisionTree. swift 中包含三个类：

- DecisionTreeInput：MLFeatureProvider，包含输入特征（六种特征全为 Double 型）。
- DecisionTreeOutput：MLFeatureProvider，包含类别标签和分类概率。
- DecisionTree：NSObject，模型自身所具有的类，包含初始化方法和预测方法。

init 方法（contentsOf：url）允许在运行时替换模型，但前提是要保持输入/输出结构不变。例如，以下是如何从 bundle 中的文件加载模型的代码：

```
let bundle = Bundle.main
let assetPath = bundle.url(forResource: "DecisionTree",
withExtension:"mlmodelc")
let sklDecisionTree = DecisionTree(contentsOf: assetPath!)
```

同样，也可以根据远程 URL 的内容来创建模型。

将 RandomForest. ml 模型拖放到项目中，也可以比较 iOS 模型的准确率。

2.13.7　iOS 模型性能评估

在此，并不描述 Swift 中的 .csv 文件解析；如果对具体细节感兴趣，请参阅补充材料。假设现已成功地以两个数组形式加载了测试数据：［Double］数组是特征，［String］数组是标签，接下来执行以下代码：

```
let (xMat, yVec) = loadCSVData()
```

通过执行下列代码来创建并评估决策树：

```
let sklDecisionTree = DecisionTree()

let xSKLDecisionTree = xMat.map { (x: [Double]) -> DecisionTreeInput in
    return DecisionTreeInput(length: x[0],
                             fluffy: x[1],
                             color_light_black: x[2],
                             color_pink_gold: x[3],
                             color_purple_polka_dot: x[4],
                             color_space_gray: x[5])
}

let predictionsSKLTree = try! xSKLDecisionTree
    .map(sklDecisionTree.prediction)
    .map{ prediction in
        return prediction.label == "rabbosaurus" ? 0 : 1
}

let groundTruth = yVec.map{ $0 == "rabbosaurus" ? 0 : 1 }

let metricsSKLDecisionTree = evaluateAccuracy(yVecTest: groundTruth,
predictions: predictionsSKLTree)
print(metricsSKLDecisionTree)
```

要创建一个随机森林并对其进行评估，请尝试使用以下代码：

```
let sklRandomForest = RandomForest()

let xSKLRandomForest = xMat.map { (x: [Double]) -> RandomForestInput in
    return RandomForestInput(length: x[0],
                             fluffy: x[1],
                             color_light_black: x[2],
                             color_pink_gold: x[3],
                             color_purple_polka_dot: x[4],
                             color_space_gray: x[5])
}
```

```
let predictionsSKLRandomForest = try!
xSKLRandomForest.map(sklRandomForest.prediction).map{$0.label ==
"rabbosaurus" ? 0 : 1}

let metricsSKLRandomForest = evaluateAccuracy(yVecTest: groundTruth,
predictions: predictionsSKLRandomForest)
print(metricsSKLRandomForest)
```

这是一个表明如何在 Swift 应用程序中评估模型预测质量的示例。其中，包含评估结果的结构的代码如下：

```
struct Metrics: CustomStringConvertible {
let confusionMatrix: [[Int]]
let normalizedConfusionMatrix: [[Double]]
let accuracy: Double
let precision: Double
let recall: Double
let f1Score: Double

var description: String {
    return """
    Confusion Matrix:
    (confusionMatrix)
    Normalized Confusion Matrix:
    (normalizedConfusionMatrix)
    Accuracy: (accuracy)
    Precision: (precision)
    Recall: (recall)
    F1-score: (f1Score)
    """
}
}
```

预测质量评估函数的代码如下：

```
func evaluateAccuracy(yVecTest: [Int], predictions: [Int]) -> Metrics {
```

1. 计算混淆矩阵

在此采用一种简单的方法来计算混淆矩阵。但该方法不适用于多类分类问题。其中，p 代表预测值，t 代表实际值，代码如下：

```
let pairs: [(Int, Int)] = zip(predictions, yVecTest).map{ ($0.0, $0.1) }
var confusionMatrix = [[0,0], [0,0]]
for (p, t) in pairs {
    switch (p, t) {
    case (0, 0):
        confusionMatrix[0][0] += 1
    case (0, _):
        confusionMatrix[1][0] += 1
    case (_, 0):
        confusionMatrix[0][1] += 1
    case (_, _):

        confusionMatrix[1][1] += 1
}
```

```
}
let totalCount = Double(yVecTest.count)
```

按总个数归一化矩阵:

```
let normalizedConfusionMatrix =
confusionMatrix.map{$0.map{Double($0)/totalCount}}
```

正如所知, 准确率是指由有效预测值除以案例总数。

可采用以下代码计算准确率:

```
let truePredictionsCount = pairs.filter{ $0.0 == $0.1 }.count
let accuracy = Double(truePredictionsCount) / totalCoun
```

要计算真阳性、假阳性和假阴性的个数, 可使用混淆矩阵中的值, 但一定要正确操作, 代码如下:

```
let truePositive = Double(pairs.filter{ $0.0 == $0.1 && $0.0 == 0 }.count)
let falsePositive = Double(pairs.filter{ $0.0 != $0.1 && $0.0 == 0 }.count)
let falseNegative = Double(pairs.filter{ $0.0 != $0.1 && $0.0 == 1 }.count)
```

计算精确率:

```
let precision = truePositive / (truePositive + falsePositive)
```

计算召回率:

```
let recall = truePositive / (truePositive + falseNegative)
```

计算 F_1 分数:

```
let f1Score = 2 * precision * recall / (precision + recall)
return Metrics(confusionMatrix: confusionMatrix, normalizedConfusionMatrix:
normalizedConfusionMatrix, accuracy: accuracy, precision: precision,
recall: recall, f1Score: f1Score)
}
```

iOS 上决策树的结果如下:

```
Confusion Matrix:
[[135, 17],
[20, 128]]

Normalized Confusion Matrix:
[[0.45000000000000001, 0.056666666666666664],
[0.066666666666666666, 0.42666666666666669]]

Accuracy: 0.876666666666667
Precision: 0.870967741935484
Recall: 0.888157894736842
F1-score: 0.879478827361563
```

对于随机森林:

```
Confusion Matrix:
[[138, 14],
[18, 130]]

Normalized Confusion Matrix:
[[0.46000000000000002, 0.046666666666666669],
[0.05999999999999998, 0.43333333333333335]]
```

```
Accuracy: 0.893333333333333
Precision: 0.884615384615385
Recall: 0.907894736842105
F1-score: 0.896103896103896
```

好的！现在已经训练了两种机器学习算法，将其部署到 iOS，并评估了两种算法的准确率。结果表明在决策树的度量指标较好时，随机森林在 Core ML 上的性能稍差。另外，在进行任何类型的转换之后，切记要验证相应的模型。

2.13.8　决策树学习的优缺点

优点如下。

- 易于理解和解释，非常适合于可视化表示。这是一个白盒模型的示例，即非常类似于人类的决策过程。
- 适用于数值和分类特征。
- 几乎无须数据预处理：不需要独热编码、虚拟变量等。
- 非参数模型：无须假设数据形状。
- 推理速度快。
- 自动进行特征选择：不重要的特征不会影响结果。存在相互依赖的特征（多重共线性）也不会影响模型质量。

缺点如下。

- 往往会过拟合。这通常可通过以下三种方法之一来解决：
  - ■ 限制决策树的深度。
  - ■ 设置叶子节点中对象的最小个数。
  - ■ 通过删除从叶子节点到根节点的不重要分支来修剪决策树。
- 不稳定。数据的微小变化都会极大影响决策树的结构和最终预测结果。
- 寻找全局最优决策树是 NP 完全问题。这就是为何采用不同启发式和贪婪搜索方法的原因。但这种方法不能保证能够学习到全局最优决策树，而只能保证局部最优树。
- 不够灵活。从某种意义上说，不易将新数据合并到决策树中。如果又获得新的标记数据，则必须在整个数据集上从头开始重新训练决策树。这对于任何需要动态调整模型的应用程序来说，决策树不是一个好的选择。

2.14　小结

在本章中，我们体验了从数据开始，一直到实际运行 iOS 应用程序来构建第一个机器学习应用的全过程。主要包括以下几个阶段：

- 使用 Jupyter、Pandas 和 Matplotlib 进行探索性数据分析。
- 数据准备 – 拆分和处理分类变量。
- 利用 scikit – learn 实现模型原型。

- 模型调整和评估。
- 基于 Core ML 的移动平台原型移植。
- 移动设备上的模型验证。

在本章中，我们学习了多个机器学习主题：模型参数与超参数、过拟合与欠拟合、评估度量指标——交叉验证、准确率、精确率、召回率和 F_1 分数。这些都是在本书中经常出现的基本知识。

另外，熟悉了两种机器学习算法，决策树和随机森林（一种模型集成类型）。

下一章，我们将继续探索分类算法，并将学习基于实例的学习算法。另外，还将构建一个可以在设备上直接学习的 iOS 应用程序，不过确定这次不是为了外星生物分类，而是针对某些实际问题。

k近邻分类器

本章着重介绍一类重要的机器学习算法，即基于实例的模型。该算法的命名源于以下事实：这是围绕实例之间的相似性（距离）及其相关的几何概念而构建的。作为我们新学到的技能的实际应用，本章将构建一个应用程序，根据来自运动传感器的数据来识别用户动作类型，并在设备上实现真正学习（非 Python）。

本章讨论并实现的算法是 k 近邻（KNN）算法和动态时间规整（DTW）算法。

本章主要包括以下内容：

- 选择距离度量——欧式距离、编辑距离、出租车距离和 DTW。
- 构建 KNN 多类分类器。
- 机器学习模型隐含的几何概念。
- 高维空间中的推理。
- 选择超参数。

3.1　距离计算

如何计算距离？这取决于问题的类型。在二维空间中，是通过 $\sqrt{(x_1-x_2)^2+(y_1-y_2)^2}$，即欧氏距离来计算两点 (x_1,y_1) 和 (x_2,y_2) 之间的距离。但对于出租车司机，并非以此来计算距离，因为在城市中，必须要沿道路拐弯而不能直线到达目标。因此，一般是使用（不管是否知道）另一种距离度量：曼哈顿距离或出租车距离，也称为 L_1 范数：$|x_1-x_2|+|y_1-y_2|$。如果仅允许沿坐标轴移动，则该距离如图 3.1 所示。

数学家赫尔曼·闵可夫斯基（Hermann Minkowski）提出了对欧氏距离和曼哈顿距离的泛化。以下是 Minkowski 距离公式：

$$d(\boldsymbol{p},\boldsymbol{q})=\left(\sum_{i=1}^{n}|p_i-q_i|^c\right)^{\frac{1}{c}}$$

式中，$\boldsymbol{p}$ 和 $\boldsymbol{q}$ 是 n 维向量（如果需要，也可以是 n 维空间中一点的坐标）。但是 c 代表什么呢？这是指 Minkowsi 距离的阶数：$c=1$ 时，为曼哈顿距离方程；$c=2$ 时，为欧氏距离方程。

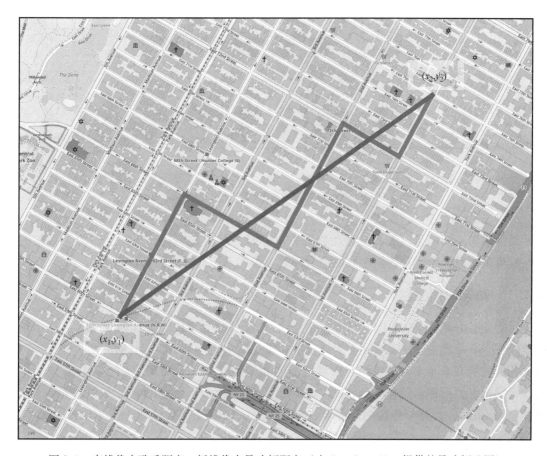

图 3.1 直线代表欧氏距离, 折线代表曼哈顿距离（由 OpenStreetMap 提供的曼哈顿地图）

为提高计算效率, 可并行执行向量运算（包括曼哈顿距离和欧氏距离的计算）。苹果公司的 Accelerate 框架提供了用于向量和矩阵快速计算的 API。

在机器学习中, 可将距离概念推广到使用距离度量函数来计算其相似度的任何类型的对象。通过这种方式, 可以定义两段文本、两幅图片或两个音频信号之间的距离。接下来分析两个示例。

当处理两段长度相等的文本时, 使用**编辑距离**。例如, 将一个字符串转换为另一个字符串所需最少替换次数的 Hamming 距离。为计算编辑距离, 可以采用动态规划方法, 这是一种将一个问题分解为较小子问题的迭代方法, 并记录每步的结果以用于下一步计算。在处理文本修订的应用程序中, 编辑距离是一个重要的度量指标; 例如, 在生物信息学中（见图 3.2）。

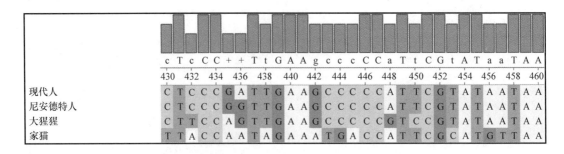

图 3.2　不同物种的四段 DNA 排列在一起：现代人、尼安德特人、大猩猩和猫。
现代人到其他物种的 Hamming 编辑距离分别为 1、5 和 11

通常，将不同信号（音频、运动数据等）存储为数值数组。如何度量这两个数组的相似性？可采用欧氏距离和编辑距离的组合形式，称为动态时间规整（DTW）。

3.1.1　动态时间规整

尽管动态时间规整（DTW）名称有些科幻，但与时空穿梭没有任何关系，只是该技术在 20 世纪 80 年代主要广泛应用于语音识别。设想两个信号是沿时间轴向的两个弹簧。将其彼此相邻放置在桌子上，想要测量两者之间的相似度（或两者有何不同？）。将其中一个弹簧作为模板，然后逐步拉伸和压缩另一个弹簧，直到看起来与第一个弹簧完全一样（或非常相似）。最后，计算对齐这两个弹簧所施加的力——将所有张力和拉力相加，从而得到 DTW 距离。

两个声音信号之间的 DTW 距离表明了两者之间的相似程度。例如，已有一条未知语音命令的记录，可将其与数据库中的语音命令进行比较，并找到最相似的语音命令。DTW 不仅可用于音频，还可用于许多其他类型的信号。在此将用于计算来自运动传感器的信号之间的距离。

现在，通过一个简单示例来阐述说明。假设有两个数组：［5，2，1，3］和［10，2，4，3］。如何计算两个数组中第一个值：［5］和［10］之间的距离？可以使用平方差作为度量；例如 $(5-10)^2 = 25$。现在，扩展其中一个数组的长度，即［5，2］和［10］，并计算累积平方差，如下：

	［5］	［2］
［10］	25	$25 + (2-10)^2 = 89$

接着，扩展另一个数组，即［5，2］和［10，2］。这时如何计算累积平方差并不像之前那么明显，在此假设将一个数组转换为另一个数组（换句话说，最小距离）的最简单方法如下（见图 3.3）：

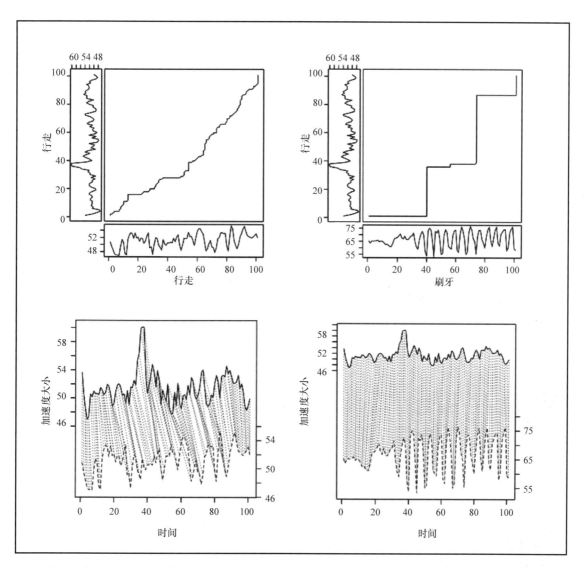

图 3.3 两个加速度计信号的 DTW 对齐。左侧：一个行走样本与另一个行走样本。右侧：刷牙动作样本与行走样本。对齐距离越短，则两个信号越接近。根据参考文献 [1] 和 [2] 所绘制的图

	[5]	[2]
[10]	25	89
[2]	$25 + (5-2)^2 = 34$	$\min(25,89,34) + (2-2)^2 = 25$

以上述方式不断扩展数组，最终可得到下面结果：

	[5]	[2]	[1]	[3]
[10]	25	89	$89+(1-10)^2=170$	$170+(3-10)^2=219$
[2]	34	25	$\min(89,170,25)$ $+(1-2)^2=26$	$\min(170,219,26)$ $+(3-2)^2=27$
[4]	$34+(5-4)^2=35$	$\min(34,25,35)$ $+(2-4)^2=29$	$\min(25,26,29)$ $+(1-4)^2=34$	$\min(26,27,34)$ $+(3-4)^2=27$
[3]	$35+(5-3)^2=39$	$\min(35,29,39)$ $+(2-3)^2=30$	$\min(29,34,30)$ $+(1-3)^2=33$	$\min(34,27,33)$ $+(3-3)^2=27$

表中右下角单元格包含了所需要的值：两个数组之间的 DTW 距离，即将一个数组转换为另一个数组的度量。至此已查验了转换数组的所有可能方式，并找到了其中最简单的一种（在表中用灰色阴影标记）。沿上表对角线的移动表明了两个数组之间的完美匹配，而水平方向表示从第一个数组中删除元素，而垂直移动表示插入元素（与图 3.3 相比）。最终的数组对齐方式如下：

$$[5,2,1,3\,-\,]$$
$$[10,2,\,-\,,4,3]$$

需要注意的是，DTW 不仅仅用于单个数值的数组。用欧氏距离或曼哈顿距离代替平方差，还可对比三维空间或出租车路线中的轨迹。

3.1.2　在 Swift 中实现 DTW

DTW 算法有两种版本（具有局部约束和不具有局部约束）。接下来将实现这两种算法。

在本章中所开发应用程序的完整源代码位于补充材料的 MotionClassification 文件夹中。

定义一个 DTW 结构，并在其中创建一个静态函数 distance：

```
func distance(sVec: [Double], tVec: [Double]) -> Double {
```

首先，创建一个大小为 $(n+1)\times(m+1)$ 的距离矩阵，并用一些值填充该矩阵：矩阵的第一个单元格为零，第一行和第一列应为最大的双精度值。这是随后处理边界条件所需的一种正确方式。第一个单元格为初始值：最初的距离为零。所有其他单元格暂时都不重要，因为稍后将会更新这些值，代码如下：

```
let n = sVec.count
let m = tVec.count
var dtwMat = [[Double]](repeating: [Double](repeating:
Double.greatestFiniteMagnitude, count: m+1), count: n+1)
dtwMat[0][0] = 0
```

之后，从 1 到 n 和 1 到 m 遍历数组，并填充距离矩阵。在每个位置 $[i, j]$，计算前一个位置 $(i-1, j-1)$ 的成本，作为数组中相应位置之间的平方差 $(s_{i-1} - t_{j-1})^2$：

```
for i in 1...n {
  for j in 1...m {
    let cost = pow(sVec[i-1] - tVec[j-1], 2)
    let insertion = dtwMat[i-1][j]
    let deletion = dtwMat[i][j-1]
    let match = dtwMat[i-1][j-1]
    let prevMin = min(insertion, deletion, match)
    dtwMat[i][j] = cost + prevMin
  }
}
```

现在所寻找的值是位于矩阵的最后一个单元中：dtw $[n, m]$。为使不同长度序列之间的结果具有可比性，可将其归一化为最长序列的长度：

```
    return dtwMat[n][m]/Double(max(n, m))
}
```

这样就得到了两个序列之间的平均距离。

为了避免将整个序列规整到对应序列的一小部分，所以引入了局部约束。这是设置了可在一行中删除/插入多少个元素的上限。

具有局部约束 w 的算法为

```
func distance(sVec: [Double], tVec: [Double], w: Int) -> Double {
    let n = sVec.count
    let m = tVec.count
    var dtwMat = [[Double]](repeating: [Double](repeating:
Double.greatestFiniteMagnitude, count: m+1), count: n+1)
    dtwMat[0][0] = 0
    let constraint = max(w, abs(n-m))
    for i in 1...n {
        for j in max(1, i-constraint)...min(m, i+constraint) {
            let cost = pow(sVec[i-1] - tVec[j-1], 2)
            let insertion = dtwMat[i-1][j]
            let deletion = dtwMat[i][j-1]
            let match = dtwMat[i-1][j-1]
            dtwMat[i][j] = cost + min(insertion, deletion, match)
        }
    }
    return dtwMat[n][m]/Double(max(n, m))
}
```

接下来，测试一下该算法。前两个向量相似：

```
let aVec: [Double] = [1,2,3,4,5,6,7,6,5,4,3,2,1]
let bVec: [Double] = [2,3,4,5,7,7,6,5,4,3,2,1,0,-2]
```

```
let distance1 = DTW.distance(sVec: aVec, tVec: bVec)
let distance2 = DTW.distance(sVec: aVec, tVec: bVec, w: 3)
```

在两种情况下，结果均约为 0.857。

接下来，是两个完全不同的向量：

```
let cVec: [Double] = [1,2,3,4,5,6,7,6,5,4,3,2,1,0]
let dVec: [Double] = [30,2,2,0,1,1,1,14,44]

let distance3 = DTW.distance(sVec: cVec, tVec: dVec)
let distance4 = DTW.distance(sVec: cVec, tVec: dVec, w: 3)
```

结果分别是 216.571 和 218.286。注意，具有局部约束的距离甚至要大于没有约束的距离。

 上述 DTW 的实现非常简单，且可通过并行计算来加速执行。要在距离矩阵中计算新的行/列，无须等到前一个计算完成；只需填充行/列之前的一个单元格即可。利用 GPU 可以有效地实现并行化 DTW。有关更多详细信息，请参见使用 GPU 和 FPGA 来加速动态时间规整子序列搜索的内容[3]。

3.2　利用基于实例的模型进行分类和聚类

基于实例的机器学习算法通常易于理解，这是因为算法隐含着一些几何概念。该算法可用于执行不同类型的任务，包括分类、回归、聚类和异常检测。

首先，很容易混淆分类和聚类。需要注意的是，分类是监督学习的众多类型之一。其任务是从一组特征中预测一些离散的标签（见图 3.4 左图）。从技术上，分类可分为两种类型：二元分类（选择是或否）和多类分类（是/否/也许/不知道/可以重复这个问题吗?）。但实际上，总是可以通过由多个二元分类器构建一个多类分类器。

另一方面，聚类是无监督学习任务。这意味着，与分类不同，对数据标签一无所知，并自行计算出数据中相似样本的簇。在下一章中，我们将介绍一种称为 k - 均值（KNN）的基于实例的聚类算法，而本章将重点讨论基于实例的算法 KNN 在多类分类中的应用。

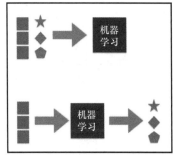
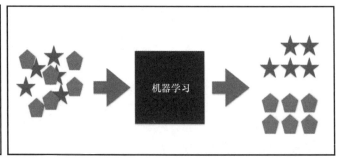

图 3.4　分类过程（左图）和聚类（右图）。分类包括两个步骤：利用标记数据进行训练和利用未标记数据进行推理。聚类是根据样本的相似性进行分组。

3.3　基于惯性传感器的人体运动识别

在每天结束时如果能够查看这些统计信息，那会多棒：花了多少时间做自己喜欢的事情，浪费了多少时间？通过这种报告，就可以根据真实数据而不仅仅是凭直觉来制定时间管理决策。不过在 App Store 上不是已有很多时间跟踪程序了吗？当然，但是其中大多数都存在一个问题：必须手动填写信息，因为这些程序无法随时检测具体行为。而且不能无法识别具体的活动类型。幸运的是，可以通过机器学习来解决此问题；尤其是**时间序列分类**。

时间序列是一种特殊的数据集，其中的样本是根据时间来排列的。通常，是在等时间间隔（采样间隔）后重复采样来生成时间序列。换句话说，时间序列是在规则间隔后的连续时刻测量的一系列值，描述了在时间维度上的展开过程。

时间序列数据类型在 iOS 应用程序中很常见：例如惯性传感器的信号，HealthKit 的测量值，以及其他具有明确时间对应关系并定期采样的数据。可以将某些其他类型的数据（如应用程序日志或用户活动记录）简化为一种特殊的时间序列：类别时间序列，其中类别代替数值。

运动识别任务在健康监测与健身的应用中非常重要，除此之外，还有一些独特的应用。例如，"起床！闹钟"应用程序可提醒起床，该应用只能在采取若干步骤后才允许暂停闹钟。这样可区分是实际动作还是通过摇晃设备来欺骗以暂停闹钟。

Core Motion 框架提供了 API 以获取用户运动的历史记录或来自运动传感器的实时数据流。另外，虽然只能区分一组有限的运动类型，但可以通过示教来识别更多类型的运动。随着可穿戴配件的日益普及，运动传感器已成为一个非常常见的数据来源；然而，本章所介绍的方法并不限定于传感器数据，因此可将这些算法应用于许多其他实际问题。这就是通用机器学习算法的好处：可以将其应用于任何类型的数据，只需确定一种适当的数据表示方式。

3.4　理解 KNN 算法

为了识别不同类型的运动行为，需训练 KNN 分类器。该方法的思想是找到距离标签未知样本最近的 *k* 个训练样本，并预测该标签为 *k* 个样本中最频繁出现的类别，如图 3.5 所示。

注意：近邻个数的选择是如何影响分类结果的。

实际上，该算法非常简单，不过是用较为复杂的术语来表述。接下来，进行具体分析。KNN 的核心是距离度量：定义两个样本之间距离的函数。之前已讨论了一些距离函数：欧

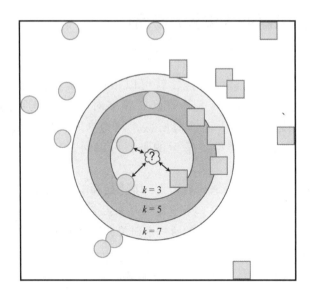

图 3.5　KNN 分类算法。根据其近邻的类别对标记为"？"的新的数据点进行分类

氏、曼哈顿、闵可夫斯基、编辑距离和 DTW。根据术语，样本是某一 n 维空间中的点，其中，n 为每个样本中的特征个数。该空间称为特征空间，样本是以点云形式分布其中的，见图 3.6。未知数据点的分类过程包括三个步骤：

1）计算该点到训练集中所有点之间的距离。

2）选择距离未知点最近的 k 个近邻。

3）在这 k 个近邻点中选择占多数的类别。

区分属于不同类别的点的曲面称为决策边界。KNN 算法正是通过增加越来越多的训练样本，来创建一个可以逼近任意复杂决策边界的分段线性决策边界。

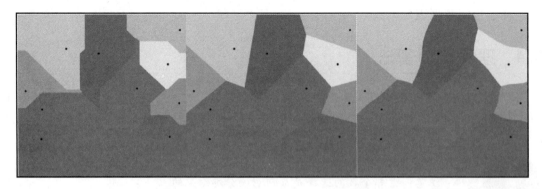

图 3.6　Voronoi 单元图通过不同颜色显示了每个点的最近邻。根据所选择的距离度量，Voronoi 图会完全不同。从左到右：曼哈顿（$c=1$）、欧氏（$c=2$）和闵可夫斯基（$c=3$）距离度量

类似于 KNN 的算法也称为非泛化机器学习。在第 6 章中，我们将讨论线性回归算法，该算法将所有数据点构建成一条直线的一般表示，即假定所有数据点都位于该直线上。与线性回归不同，KNN 不会假设数据的基本结构，而只存储所有训练样本。这两种方法各有利弊。

或许会认为 KNN 算法过于简单，除了只能针对一些玩具任务外，无法应用于其他实际问题。但多年来，已证明 KNN 可成功用于解决各种问题，例如手写体识别和卫星照片分类等。另外，值得注意的是，很容易将该分类算法转换为回归算法——只需将类别标签替换为实数，并添加一个插值函数即可。

参数模型与非参数模型

线性回归的许多限制都源于其假设数据服从正态分布。对源数据的统计分布做出显式假设的一类统计模型称为参数模型。

与线性回归不同，KNN 不对样本的分布进行任何假设。因此称为非参数模型。这是在数据分布异常且决策边界不规则的情况下选择的正确工具。

3.4.1　在 Swift 中实现 KNN

许多机器学习和 DSP 库中都提供了 KNN 和 DTW 的快速实现，例如 lbim-proved 和 Matchbox C＋＋库：

- https：//github. com/lemire/lbimproved。

- https：//github. com/hfink/matchbox。

由于已为数据点定义了距离度量，因此 KNN 分类器实际上可以处理任何类型的数据。这就是为什么将其定义为具有特征和标签类型的参数化通用结构的原因。标签应符合 Hashable 协议，因为会将其作为字典键：

```
struct kNN<X, Y> where Y: Hashable { ... }
```

KNN 具有两个超参数：k - 近邻数（var k：Int）和距离度量。可以在任何地方定义，并在初始化期间传递。度量是一个函数，可返回任意两个样本 x_1 和 x_2 之间的双精度距离：

```
var distanceMetric: (_ x1: X, _ x2: X) -> Double
```

在初始化期间，只记录结构内部的超参数。Init 函数的定义如下：

```
init (k: Int, distanceMetric: @escaping (_ x1: X, _ x2: X) -> Double) {
    self.k = k
    self.distanceMetric = distanceMetric
}
```

KNN 会保存所有训练数据点。为此，需采用数据对的数组（特征，标签）：

```
private var data: [(X, Y)] = []
```

与监督学习模型一样，其也具有两个方法的接口——train 和 predict，并反映了监督算法生命周期的两个阶段。在 KNN 中，train 方法只是保存了可供在 predict 方法中所用的数据点：

```
mutating func train(X: [X], y: [Y]) {
    data.append(contentsOf: zip(X, y))
}
```

predict 方法获取这些数据点并为其预测相应标签：

```
func predict(x: X) -> Y? {
    assert(data.count > 0, "Please, use method train() at first to provide
training data.")
    assert(k > 0, "Error, k must be greater then 0.")
```

为此，遍历训练数据集中的所有样本，并与输入样本 x 进行比较。在此使用（距离，标签）二元组来跟踪与每个训练样本之间的距离。之后，按距离大小对所有样本进行降序排序，并选择（prefix）前 k 个元素：

```
let tuples = data
    .map { (distanceMetric(x, $0.0), $0.1) }
    .sorted { $0.0 < $1.0 }
    .prefix(upTo: k)
```

上述实现方法并非最优，还可以通过在每个步骤中仅跟踪最佳的 k 个样本来改进，但该实现方法的目的是演示最简单的机器学习算法，而不考虑复杂的数据结构，同时，也表明即使采用这种简单版本，也能够很好地完成复杂任务。

现在，在前 k 个样本中选择占多数的类别。计算每个标签的出现次数，并按降序排序：

```
let countedSet = NSCountedSet(array: tuples.map{$0.1})
let result = countedSet.allObjects.sorted {
    countedSet.count(for: $0) > countedSet.count(for: $1)
    }.first
return result as? Y
}
```

变量 result 给出了所预测的类别标签。

3.5   基于 KNN 识别人体运动

Core Motion 是一个为移动设备中惯性传感器提供 API 的 iOS 框架。另外，还可以识别某些用户的运动类型，并将其保存到 HealthKit 数据库中。

如果不熟悉 Core Motion API，请参阅该框架的相关资料：https://developer. apple. com/documentation/coremotion。

在补充材料的 Code/02DistanceBased/MotionClassification 文件夹中提供了该示例的代码。

在 iOS 11 beta 2 版本中，CMMotionActivity 类包含了以下运动类型：

- 静坐。
- 步行。
- 跑步。
- 开车。
- 骑行。

其他所有运动都属于未知类别，或认为是上述运动之一。Core Motion 并未提供一种识别自定义运动类型的方法，因此需为此训练具体的分类器。与上一章中的决策树不同，我们将在端到端设备上训练 KNN。由于 KNN 完全可控，因此不用担心其在 Core ML 中会冻结，我们可以在应用程序运行时中对其进行更新。

iOS 设备通常配有三种类型的运动传感器：

- 陀螺仪：测量空间中的设备朝向。
- 加速度计：测量设备的加速度。
- 磁力计或罗盘：测量磁力大小。

另外，还具有检测海拔的气压计和其他一些传感器，但这些传感器与本例的目的不太相关。在此，将利用加速度计数据流来训练 KNN 分类器，并预测不同的运动类型，如摇晃手机或蹲下。

以下代码显示了如何从加速度计获取更新数据：

```
let manager = CMMotionManager()
manager.accelerometerUpdateInterval = 0.1
manager.startAccelerometerUpdates(to: OperationQueue.main) { (data:
CMAccelerometerData?, error: Error?) in
    if let acceleration = data?.acceleration {
        print(acceleration.x, acceleration.y, acceleration.z)
    }
}
```

Core Motion 中的加速度计 API 提供了三维时间序列矢量，如图 3.7 所示。

要训练该分类器，需要一些标记数据。由于没有现成的数据集，且每个人的运动信号可能会大不相同，因此允许用户添加新的样本并改进模型。在应用界面中，用户可选择想要记录的运动类型，然后按下 "Record" 按钮，如图 3.8 所示。应用程序对 25 个加速度矢量进行采样，以获取每个矢量的大小，并将其与所选运动类型的标签一起输入到 KNN 分类器。用户可以记录任意多个样本。

3.5.1　冷启动问题

一种非常常见的情况是，机器学习系统在一个新环境中开始运行时，没有可供预训练的信息，这种情况称为冷启动。这种系统需要一定的时间来收集足够的训练数据，才能产生有意义的预测结果。该问题通常出现在个性化和推荐系统中。

一种解决方案是所谓的**主动学习**，即系统可以主动搜索能够改善其性能的新数据。通常，这意味着系统需要查询用户以标记一些数据。例如，可以要求用户在系统启动之前提供一些已标记的样本，或者当系统发现需要手动标记特别困难时，系统可执行推送操作。主动学习是半监督学习的一个特例。

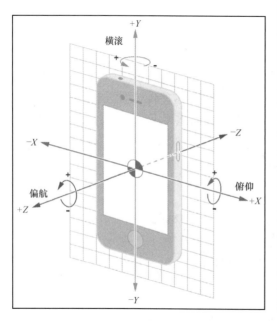

图 3.7　Core Motion 中加速度计和陀螺仪的坐标系

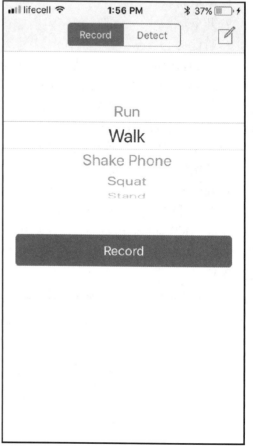

图 3.8　App 界面

主动学习的第二个关键部分是通过根据样本的关联权重来估计哪些样本最有用。在 KNN 中，这些可能是模型置信度不高的样本，例如，其近邻类别几乎均匀划分的样本或远离所有其他类别的样本（离群值）。

不过，一些研究人员指出，主动学习是建立在缺陷假设之上的：用户总是随时待命并愿意回答问题，且回答总是正确的。这在构建主动学习解决方案时，也是必须注意的一点。

笔者认为，当 Twitter 应用程序在凌晨 4 点发送诸如 "Take a look at this and 13 other highlights" 之类的推送通知时，只是想通过主动学习来更新感兴趣/不感兴趣内容的个性化二元分类器。

在分类阶段，将相同大小的未标记数据块输入分类器，并输出显示给用户的预测结果。

在此，采用 DTW 作为具有局部约束的距离度量。在实验中，$k = 1$ 时结果最佳，不过也可以选择不同近邻数进行实验。在此，仅展示了机器学习部分，而并未给出数据收集部分和用户界面。

创建分类器：

```
classifier = kNN(k: 1, distanceMetric: DTW.distance(w: 3))
```

训练分类器：

```
self.classifier.train(X: [magnitude(series3D: series)], y: [motionType])
```

通过计算矢量大小 $\sqrt{x^2 + y^2 + z^2}$ 来简化计算过程，magnitued ‖ ‖ 函数可将三维时间序列转换为一维序列。

进行预测：

```
let motionType = self.classifier.predict(x: magnitude(series3D: series))
```

3.5.2　平衡数据集

上述应用程序可允许记录不同运动类型的样本。在训练模型时，可能会注意到一个有趣的效果：要获得准确预测，不仅需要足够的样本，而且还需要数据集中不同类别样本的比例大致相等。考虑一下：如果有两种类别（步行和跑步）的 100 个样本，而其中 99 个样本属于某一类别（如步行），则准确率为 99% 的分类器可能如下所示：

```
func predict(x: [Double]) -> MotionType {
    return .walk
}
```

这显然不是想要的结果。

上述观察结果引出了平衡数据集的概念。对于大多数机器学习算法，希望数据集中包含出现频率相同的不同类别的样本。

3.5.3　选择适当的 *k* 值

选择适当的超参数 *k* 值非常重要，因为这可以提高模型性能，如果未能正确选择，则会降低模型性能。一种常用的经验法则是对训练样本数取平方根。许多流行的软件包都采用这种启发式方法作为默认的 *k* 值。不过由于数据和距离度量的不同，这种方法并不总是很有效。

对于该问题，从一开始就没有一种具有数学依据的方法可以确定最佳近邻数。唯一的方法是遍历 *k* 的取值范围，然后根据一些性能度量选择最佳的 *k* 值。可以选择采用上一章中描述的任何一种性能度量：准确率、F_1 分数等。如果数据稀缺，则交叉验证尤其必要。

实际上，现在还有一种完全无须 *k* 值的改进 KNN。具体思想是算法在一个球体空间半径内搜索近邻。然后，根据点的局部密度，相应的每个点的 *k* 值都会不同。这种改进的算法称为基于半径的邻域学习。该方法会受 n 维球体积问题的约束（见下一节），因为具有的特征越多，则保证至少捕获一个近邻的半径就越大。

3.6 高维空间中的推理

在高维特征空间下需要做好心理准备，因为处理三维空间的直觉开始失效。例如，分析 n 维空间的一种特性，即 n 维球体积问题。n 维球即 n 维欧氏空间中的一个球体。如果将 n 维球的体积（y 轴）绘制为若干个维度（x 轴）的函数，则可得图 3.9。

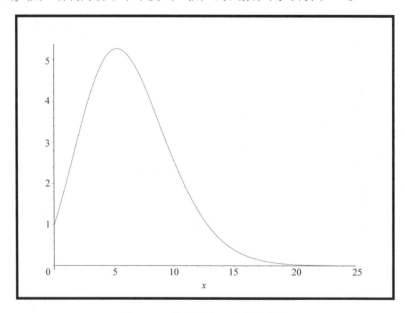

图 3.9 n 维空间中 n 维球的体积

注意，开始时体积会增大，直到在五维空间达到峰值，然后逐渐开始减小。这对于本例模型意味着什么？具体来说，对于 KNN，这意味着从五个特征开始，特征越多，则以利用 KNN 进行分类的点为中心的球体半径越大。

在高维空间中出现的反直觉现象俗称维度灾难。这包括在三维空间中无法观察到的各种现象。Pedro Domingos 在他的文章 *A Few Useful Things to Know about Machine Learning* 中提供了一些示例：

"在高维情况下，多元高斯分布的大部分质量都不在均值附近，而是在其周围越来越远的外层中；高维橙的大部分体积是在皮肤中，而不是位于果肉。如果在一个高维超立方体中，均匀分布着常数个样本，除了某些维度之外，大多数样本更接近于超立方体的一个面，而不是其最近邻。如果将超立方体近似为一个超球体，则几乎所有超立方体的体积在高维中都位于超球体之外。对于一种类型的形状通常可由另一种类型的形状近似的机器学习来说，这是个坏消息。"

具体针对 KNN 而言，是将所有维度都视为同等重要。当某些特征不相关时，就会产生问题，尤其是在高维时，因为这些不相关特征所引入的噪声会抑制较好特征中的信号分量。在本例中，仅考虑了运动信号中每个三维矢量的大小，从而避开了多维问题。

3.7　KNN 的优点

- 如果不打算使用具有高级数据结构的优化版本，则实现很简单。
- 易于理解和解释。该算法已在理论上得到了深入研究，且熟悉其在不同设置下的数学特性。
- 允许插入任何距离度量。这样可处理复杂对象，如时间序列、图、地理坐标，以及本质上可定义距离度量的任何对象。
- 算法可用于分类、排序、回归（使用近邻平均值或加权平均值）、推荐，甚至可以提供（一种）概率输出——近邻占到该类别的比例。
- 易于将新数据合并到模型中或从模型中删除过时数据。这使得 KNN 成为在线学习系统的一种理想选择（参见第 1 章）。

3.8　KNN 的缺点

- 算法训练速度快，但推理速度慢。
- 需要以某种方式选择最佳的 *k* 值（参见 3.5.3 节）。
- 若 *k* 值较小，模型会受到异常值的严重影响。换句话说，容易过拟合。
- 需要选择一种距离度量。对于常见的实值特征，可以在能够产生不同最近邻的许多可行选项中选择一种（参见 3.1 节）。在许多机器学习软件包中，默认采用的度量是欧氏距离；但是，这只不过是一种传统选择，对于许多应用来说，其并不是最佳选择。
- 模型大小会随着合并新数据而增大。
- 如果几个相同样本具有不同标签时该如何处理？在这种情况下，根据样本的存储顺序，结果可能会有所不同。
- 模型易受到维数灾难影响。

3.9　改进的解决方案

可以在下面几个方面考虑改进上述运动识别算法。

3.9.1　概率解释

CMMotionActivity 类为预测的每种运动类型提供了相应的置信度。在此，也可以将此功能添加到算法中。与返回一个标签不同，其可以返回近邻标签的比例。

3.9.2　更多数据源

上例中仅使用了加速度计，也可以使用陀螺仪和磁力计。这可以通过几种方式完成：可以将三个时间序列合并为一个三维时间序列，也可以训练由三个独立分类器集成的一个分类器。

还可以将加速度计的 x、y 和 z 合并为一个量值，但是可以将其用作独立的时间序列。在这种情况下，对于三个运动传感器，将会有九个时间序列。

3.9.3　更智能的时间序列块

将时间序列分为 25 个元素长度的块。当从一种运动类型变为另一种时，这会引入时延。不过这可以通过引入滑动窗口而不是块来相对容易地解决。采用这种方法，无须等待产生新的块；只需在每次从运动传感器获得新值时记录一帧或预测一个新的标签。

3.9.4　硬件加速

KNN 算法本质上是并行执行的，因为无须已知其他数据点的任何信息就可以计算两个数据点之间的距离。这使得该算法非常适合于 GPU 加速。正如之前所述，DTW 也可以通过并行执行进行优化。

3.9.5　加速推理的决策树

数组不是 KNN 内存的唯一实现形式。为了更快搜索近邻，许多实现采用了特殊的数据结构，如 KD 树或球状树。

如果对更多相关详细信息感兴趣，请查看 scikit - learn 文档：https://scikit - learn. org/stable/modules/neighbors. html#nearest - neighbor - algorithms。

3.9.6　利用状态迁移

一些运动类型之间的转换要比其他运动类型之间的转换更容易：容易想象用户从静止状态下如何开始行走，但很难想象用户蹲下后如何立即开始跑步。对这种概率状态变化进行建模的常用方法是隐马尔可夫模型（HMM），但这是一种很传统的方法。

3.10　小结

本章实现了一种针对运动数据分类的机器学习有效解决方案，并在设备上对其进行了端到端的训练。最简单的基于实例的模型是最近邻分类器。可使用该分类器对任何类型的数据进行分类，唯一棘手的是选择一种合适的距离度量。对于特征向量（n 维空间中的点），已提出多种度量，如欧氏距离和曼哈顿距离。对于字符串，编辑距离更常用。对于时间序列，则适合采用 DTW。

最近邻方法是一种非参数模型，这意味着可以在不考虑统计数据分布的情况下使用。另一个优点是非常适合在线学习，且易于并行化。缺点是维度灾难和预测算法复杂（懒惰学习）。

在下一章中，我们将继续学习基于实例的算法，这次会着重讨论无监督的聚类任务。

参 考 文 献

1. Lichman, M. (2013), UCI Machine Learning Repository (`http://archive.ics.uci.edu/ml`), Irvine, CA: University of California, School of Information and Computer Science, *Dataset for ADL Recognition with Wrist-worn Accelerometer Data Set*

2. Toni Giorgino (2009), *Computing and Visualizing Dynamic Time Warping Alignments in R: The dtw Package,* Journal of Statistical Software, 31(7), 1-24, doi:10.18637/jss.v031.i07

3. *Accelerating Dynamic Time Warping Subsequence Search with GPUs and FPGAs,* Doruk Sart, Abdullah Mueen, Walid Najjar, Vit Niennattrakul, Eamonn Keogh, in the Proceedings of IEEE ICDM 2010. pp. 1001-1006 at: `http://alumni.cs.ucr.edu/~mueen/pdf/icdm2010.pdf`

4. Domingos P. 2012, *A Few Useful Things to Know about Machine Learning,* Communications of the ACM, October, 55(10), pp. 78-87

第4章

k-均值聚类

在本章中，我们将注意力从监督学习转移到无监督学习。本章所讨论和实现的算法是k-均值聚类和k-均值++聚类。

本章的主要内容包括：

- k-均值聚类的基于实例的算法。
- k-均值的缺点以及如何利用k-均值++算法进行改进。
- k-均值算法的应用场合及不适用场合。
- 聚类在信号量化中的应用。
- 如何选择聚类个数。

4.1　无监督学习

无监督学习是一种使数据中隐藏模式可见的方法，其相关方法特点如下：

- 聚类可查找相似对象的组或层次结构。
- 无监督异常检测可发现异常值（奇异样本）。
- 降维可确定数据中最重要的细节。
- 因子分析揭示了影响观测变量特性的潜在变量。
- 规则挖掘可发现数据中不同实体之间的关联。

通常，这些任务大多重叠，且许多实际问题都处于监督学习和无监督学习之间的中间区域。

本章将重点讨论聚类，下一章将着重分析规则挖掘。其他内容超出本书范畴，但在第10章中，我们会简要讨论自动编码器，其可用于降维和异常检测。

以下是一些实际任务的示例，其中，聚类将是所选择的工具。

- 根据所描绘的人物特征对人脸照片进行聚类。
- 使用客户交易数据库查找广告目标客户群（市场细分）。
- 给定一组文本文档，根据作者的个人风格（文体）（作者身份识别）或主题（主题建模）将其分类到相应的文件夹中。

● 根据亲属的 DNA 标记，构建一个系统发展树或族谱树（分层聚类；在这种情况下，聚类是嵌套的）。

注意，只有在未预先定义组/类别/聚类的情况下，这些才是聚类任务。一旦具有对象的预定义类别，则最好采用分类算法。

在移动开发的背景下，什么情况可能需要聚类？最自然的想法可能是在地图上聚集标针。给定用户位置的聚类，可以猜测用户的重要位置，如房屋和工作场所。首先从用户位置聚类应用开始，稍后再讨论更复杂的聚类应用。现在，首先讨论经典的聚类算法：*k* – 均值。

4.2　*k* – 均值聚类算法概述

该算法的命名来源于将样本划分为 *k* 个聚类，且每个聚类都是根据某个平均值（聚类质心）进行分组的。这些质心分别作为一个类的原型。每个数据点都属于最接近相应质心的聚类，如图 4.1 所示。

该算法是于 1957 年由贝尔实验室提出的。

在该算法中，每个数据点仅属于一个聚类。算法的结果是将特征空间划分为 Voronoi 单元。

由于算法名称中也有 *k*，因此经常与 KNN 算法混淆，但是正如在 *k* 折交叉验证中所述，并非所有 *k* 值都是相同的。或许你很好奇为何机器学习研究人员都会对 *k* 如此着迷，以至于在每种算法名称中都包含这一字符，不过这无从得知。

接下来，更为正式地定义该算法的目标。如果 *n* 是数据点的个数（样本，表示为长度为 *d* 的实数向量），则 *k* – 均值算法是将其分为 *k* 个集合（聚类，*k* < *n*），以使得在每个聚类中，从该点到质心（平均值）的距离之和最小。也就是说，该算法的目标是找到具有最小 WCSS（聚类内平方和）的一组聚类，即

$$WCSS = \sum_{i=1}^{k} \sum_{x_{j} \in S_i} (x_j - \mu_i)^2$$

式中，*k* 是聚类个数；S_i 聚类，$i = 1, 2, \cdots, k$；x_j 是一个样本（向量）；μ_i 是聚类中的样本均值，即聚类的质心。

首先，通常随机初始化质心，或采用数据集中一些随机样本的值来初始化质心。算法迭代执行，且每次迭代包括两个步骤：

1）计算每个聚类的质心。

2）根据最接近的质心，将样本重新分配到各个聚类。

若经过多次迭代后，质心坐标没有变化（达到收敛）或经过预定义迭代次数后，算法结束。

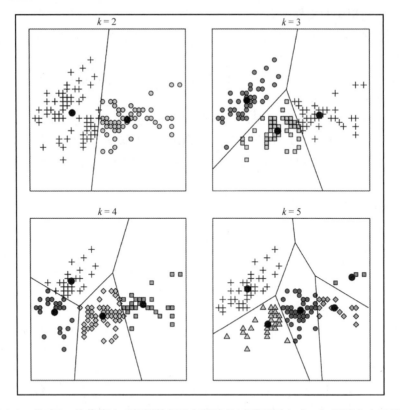

图 4.1   基于 k – 均值算法对相同数据进行聚类的四种不同方式。加粗黑点表示聚类
质心（样本来自于经典的 Iris 数据集，表明花瓣长度与花瓣宽度的关系）

4.3   在 Swift 中实现 k – 均值

与上一章中的 KNN 类似，这里也是通过一个结构来表征算法并保存所有超参数：

```
struct KMeans {
  public let k: Int
```

k – 均值算法的标准设计是仅采用欧氏距离：

```
 internal let distanceMetric = Euclidean.distance
```

在聚类过程中，需要几个数组来保存不同种类的数据。
保存样本：

```
 internal var data: [[Double]] = []
```

质心坐标：

```
 public var centroids: [[Double]] = []
```

保存与聚类相应的每个样本的数组应与数据长度相同，且对于每个样本，都会在质心数组中存储一个质心索引：

```
private(set) var clusters: [Int] = []
```

聚类内平方和（WCSS）是一种稍后将用于评估聚类结果质量的度量：

```
internal var WCSS: Double = 0.0
```

至此，初始化时传递的唯一参数是聚类个数：

```
public init (k: Int) {
  self.k = k
}
}
```

与 KNN 不同，*k* - 均值算法在其接口中只有一种方法：train（data :），返回聚类结果，即每个样本所属的聚类索引：

```
public mutating func train(data: [[Double]]) -> [Int] {
```

在开始实际计算之前，需要执行一些必要的步骤。

数据点的个数应大于或等于 *k*，样本数（*n*）应大于零：

```
let n = data.count
precondition(k <= n)
precondition(n > 0)
```

计算样本的维数（每个样本中的特征数量），并检查其是否大于零：

```
let d = data.first!.count
precondition(d > 0)
```

如果一切正常，就保存数据：

```
self.data = data
```

如果聚类个数等于数据点个数，那么就可为每个数据点创建一个聚类并返回结果：

```
if k == n {
  centroids = data
  clusters = Array<Int>(0..<k)
  return clusters
}
```

用零填充 clusters 数组：

```
clusters = [Int](repeating: 0, count: n)
```

k - 均值算法的关键之处在于质心的初始选择。取决于初始化步骤，算法的结果可能会显著不同。现在先不要考虑太多，仍继续进行随机初始化：

```
chooseCentroidsAtRandom() // 随后介绍函数体
```

该算法的主要部分是 while 循环，当满足收敛条件时终止：

```
while true {
```

在循环体中，该算法包括两个步骤：更新和分配。

聚类内平方和（WCSS）是 k - 均值算法的一个重要性能指标。在每次迭代开始时设其为零，并每次更改后，更新聚类质心：

```
WCSS = 0.0
```

4.3.1　更新步骤

在初始选择质心之后，需要遍历数据点，并根据与最近质心的距离来更新有关聚类分配的信息：

```
for (pointIndex, point) in data.enumerated() {
  var minDistance = Double.infinity
  for (clusterID, centroid) in centroids.enumerated() {
    let distance = pow(distanceMetric(point, centroid), 2)
```

如果计算得到的新距离小于之前相应数据点保存的最小距离，则记录该距离：

```
  if minDistance > distance {
    clusters[pointIndex] = clusterID
    minDistance = distance
  }
}
```

保存 WCSS 的有关信息，以备将来使用：

```
  WCSS += minDistance
}
```

4.3.2　分配步骤

计算聚类的新质心：

```
var centroidsCount = [Double](repeating: 0.0, count: k)
let rowStub = [Double](repeating: 0.0, count: d)
var centroidsCumulative = [[Double]](repeating: rowStub, count: k)

for (point, clusterID) in zip(data, clusters) {
  centroidsCount[clusterID] += 1
  centroidsCumulative[clusterID] = vecAdd(centroidsCumulative[clusterID],
point)
}

var newCentroids = centroidsCumulative
for (j, row) in centroidsCumulative.enumerated() {
```

```
    for (i, element) in row.enumerated() {
      let new = element/centroidsCount[j]
      assert(!new.isNaN)
      newCentroids[j][i] = new
    }
  }
```

此后，需检查新质心是否与之前计算的质心不同。若不同，则再次执行优化迭代，否则，认为达到收敛并终止循环：

```
var convergence = false
convergence = zip(centroids, newCentroids).map{$0.0 == $0.1}.reduce(true,
and)
// and(_: Bool, _:Bool) was added for convenience
if convergence { break }
centroids = newCentroids
}


return clusters
}
```

在上述过程中，未介绍聚类质心的初始化实现。在此，进行初始化：

```
internal mutating func chooseCentroidsAtRandom() {
  let uniformWeights = [Double](repeating: 1.0, count: data.count)
  let randomIndexesNoReplacement =
Random.Weighted.indicesNoReplace(weights:uniformWeights, count: k)

  var centroidID = 0
  for index in randomIndexesNoReplacement {
    centroids.append(data[index])
    clusters[index] = centroidID
    centroidID += 1
  }
}
```

其中，Random. Weighted. indicesNoReplace（weights：uniformWeights，count：k）函数貌似功能很强大，但只是一个用于从数组中按预定义权重进行随机采样的实用函数。无须替换即可采样，并返回一个索引数组。在本例中，所有权重均相等，因此每个元素被采样的概率也均相等。稍后，将改变采样概率以提高聚类质量和收敛速度。这是从 R 标准库中借鉴了该函数。

4.4　聚类地图中的对象

在移动开发情况下，如何应用 *k*－均值算法呢？一种最自然而然想到的是在地图上聚类标针。具有用户位置的聚类，就可以大致推测出用户的重要位置，如家庭住址和工作场所。在此将实现标针聚类以可视化 *k*－均值及其一些不良属性，并表明为何这类应用不是一种最佳考虑。

在补充代码的4_ kmeans/MapKMeans 文件夹下提供了一个演示应用程序。主要内容位于 ViewController. swift 中。在 clusterize（）方法中进行聚类：

```
func clusterize() {
  let k = Settings.k
  colors = (0..<k).map{_ in Random.Uniform.randomColor()}
  let data = savedAnnotations.map{ [Double]($0.coordinate) }
  var kMeans = KMeans(k: k)
  clusters = kMeans.train(data: data)
  centroidAnnotations = kMeans.centroids
    .map { CLLocationCoordinate2D(latitude: $0[0], longitude: $0[1]) }
    .map { coordinate in
      let annotation = MKPointAnnotation()
      annotation.coordinate = coordinate
      annotation.title = "(coordinate)"
      return annotation
    }
}
```

CLLocationCoordinate2D 按以下方式转换为 Double 类型：

```
extension Array where Element == Double {
  init(_ coordinates: CLLocationCoordinate2D) {
    self.init(arrayLiteral: Double(coordinates.latitude),
Double(coordinates.longitude))
  }
}
```

该应用程序可显示地图，并允许通过单击在地图中标注任意多个标针如图 4.2 所示。为

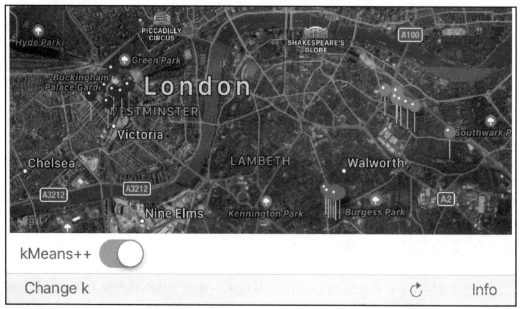

图 4.2　演示应用程序的运行结果。将其与照片库元数据中的位置相结合，
可推断用户的住所、工作地址和休闲场所

试图形成多个聚类，需多次单击刷新（圆形箭头）按钮来运行算法。值得注意的是，算法的结果通常并不稳定：每次都会给出不同的结果。在选择不同个数的聚类时，请观察结果有何不同。

接下来讨论 *k*－均值算法与地理空间数据配合使用的问题。或许你已注意到，该算法对于水平空间和垂直空间的重视程度不同。这是因为一个经度跨度通常约为 111km，而一个纬度的长度会取决于与赤道之间的距离而有所不同。基本上，不能以地理坐标用作欧氏距离的特征。更重要的是，如果在阿拉斯加和俄罗斯之间的边界上标注了一些地标点，则会发现 KNN 算法会认为位于俄罗斯的地标点与阿拉斯加附近的地标点存在极大差异。这是由于 180° 子午线的原因。由此，本质上可认为采用 *k*－均值算法进行标针聚类是一个错误。该算法只能在相对较小的范围内有效。例如，在城市范围内效果不错。只要不是在世界地图范围内使用。地图仍是进行典型 *k*－均值问题演示的理想选择。

进一步考虑。能不能如同在上一章中应用 KNN 那样，用其他距离度量代替欧氏距离呢？答案是不行，很遗憾在此不能这样替换。严格来说，*k*－均值不是一种基于距离的算法。该算法的目的是最小化聚类内方差（或平方差）。只是方差公式恰好与欧氏距离公式相同。由于算法会停止收敛，因此无法插入自定义的距离度量。对于标针聚类，最好是选择其他算法，而对于 *k*－均值算法，也最好是选择应用于其他应用程序，事实上也的确如此。但首先还是讨论在第一个实验之后暴露出来的一些显而易见的问题，见下面链接。

- https://datascience.stackexchange.com/questions/761/clustering-geo-location-coordinates-lat-long-pairs
- https://stats.stackexchange.com/questions/81481/why-does-k-means-clustering-algorithm-use-only-euclidean-distance-metric

4.5 聚类个数选择

如果事先未知有多少个聚类，那么如何选择最佳的 *k* 值呢？这本质上是一个蛋和鸡的问题。现有几种常用方法，在此将讨论其中一种：肘部法则。

还记得在 *k*－均值算法的每次迭代中所计算得到的 WCSS 吗？这一度量指标表明了每个聚类中有多少个与质心不同的点。可在不同的 *k* 值下计算 WCSS 并绘制结果。通常会得到与图 4.3 类似的结果。

图 4.3 与第 3 章中的损失函数图类似，其表明了模型拟合数据的程度。肘部法则的思想是选择此后结果将不再会得到显著改善的 *k* 值。该法则的命名来源于类似手臂的形状。在此选择肘部的点，并在图中用线标记。

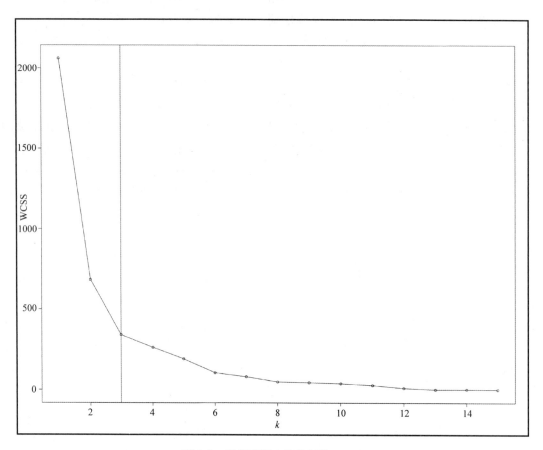

图 4.3　根据聚类个数绘制的 WCSS

　更多有关信息，请参考以下链接：

- https：//en. wikipedia. org/wiki/Determining_the_number_of_clusters_in_a_ data_set。

- https：//stackoverflow. com/questions/18042290/implementing – the – elbow – method – for – finding – the – optimumnumber – of – clusters – for – k – m。

4.6　k – 均值聚类 – 问题

有关 k – 均值和 k – 均值 + + 的更多信息，请参见以下链接的内容：

- https://en.wikipedia.org/wiki/K-means_clustering
- https://en.wikipedia.org/wiki/K-means%2B%2B

k – 均值算法至少存在两个缺点：

• 在最坏情况下，算法复杂度是输入大小的超多项式，这意味着不受任何多项式的限制。

• 与最优聚类相比，标准算法的运行效果很差，因为只能找到一个近似最优解。

可以实际尝试一下：在地图上标注四个标针，如图 4.4 所示。在运行聚类算法多次之后，可能会观察到该算法通常只能收敛于次优解。

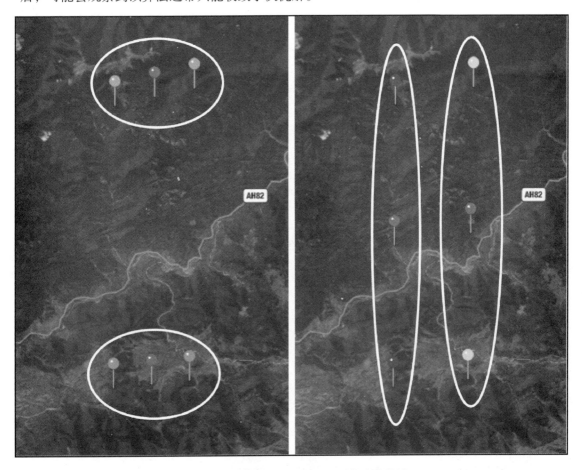

图 4.4　同一数据集上最优和非最优聚类结果

4.7　*k* – 均值 + +

2007 年提出了一种改进算法——*k* – 均值 + + 算法，其通过引入初始化一个较好的质心这样一个附加步骤来解决次优聚类的问题。

改进初始质心选择的算法如下所示：

1）随机选择任一数据点作为第一个质心。

2）计算所有其他数据点与第一个质心的距离 $d(x)$。

3）根据加权概率分布采样下一个质心，其中每个数据点成为下一个质心的概率与距离平方 $d(x)^2$ 成正比。

4）重复步骤 2）和步骤 3），直到选出 k 个质心。

5）接下来执行标准的 k–均值算法。

在 Swift 中，具体实现如下：

```
internal mutating func chooseCentroids() {
  let n = data.count

  var minDistances = [Double](repeating: Double.infinity, count: n)
  var centerIndices = [Int]()
```

clusterID 是聚类的整数标识符：第一个聚类的标识符为零，第二个聚类的标识符为 1，依此类推：

```
for clusterID in 0 ..< k {
  var pointIndex: Int
  if clusterID == 0 {
```

从数据点中随机选择第一个质心：

```
pointIndex = Random.Uniform.int(n)
} else {
```

在其他情况下，根据与最接近质心的距离平方成正比的加权分布来选择质心：

```
if let nextCenter = Random.Weighted.indicesNoReplace(weights: minDistances,
count: 1).first {
  pointIndex = nextCenter
} else {
  fatalError()
}
}
centerIndices.append(pointIndex)
let center = data[pointIndex]
centroids.append(center)
```

与最近质心的距离为零。因此，再次采样该点的概率也为零：

```
minDistances[pointIndex] = 0.0
clusters[pointIndex] = clusterID
```

此后，需执行一次迭代的分配步骤，以便在继续使用常规 k–均值算法时，将所有数据点都分配给相应的聚类。

计算从每个数据点到质心的距离：

```
var nextI = (0, centerIndices.first ?? Int.max)
for (pointIndex, point) in data.enumerated() {
```

如果已选择该数据点作为质心，则忽略该点：

```
if pointIndex == nextI.1 {
```

检查是否遍历所有质心：

```
if nextI.0 < clusterID {
  let nextIndex = nextI.0+1
  nextI = (nextIndex, centerIndices[nextIndex])
}
continue
}
```

如果数据点未被选择为质心，则计算从该数据点到上一个选定质心的距离：

```
let distance = pow(distanceMetric(point, center), 2)
```

如果新计算的距离小于之前保存的相应数据点与质心之间的最小距离，则记录新的
距离：

```
let currentMin = minDistances[pointIndex]
if currentMin > distance {
  minDistances[pointIndex] = distance
  clusters[pointIndex] = clusterID
}
}
}
}
```

这就是整个过程。不过切记更新其余代码以完成 + + 部分：

```
public struct KMeans {
  public enum InitializationMethod {
    case random
    case plusplus
  }
  ...
  public var initialization: InitializationMethod = .plusplus
  ...
}

public mutating func train(data: [[Double]]) -> [Int] {
  ...
  switch initialization {
    case .random:
    chooseCentroidsAtRandom()
    case .plusplus:
    chooseCentroids()
  }
  ...
}
```

4.8　基于 k-均值算法的图像分割

　　k-均值算法是在数字信号处理领域提出的，至今仍在该领域广泛应用于信号量化。对于这类任务，其算法性能要比标针距离好得多。接下来，以图 4.5 为例。通过颜色空间量化可将图像分割成几个有意义的部分。选择聚类个数，然后对每个像素的 RGB 值执行 k-均值算法，以确定聚类的质心。然后，用相应的质心颜色替换每个像素。这可用于从背景中分离对象或进行有损图像压缩的图像编辑中。在第 12 章中，我们将采用该方法进行深度学习神经网络压缩。

图 4.5　基于 k-均值算法的图像分割

　　以下是基于 OpenCV 快速实现的 k-均值算法的 Objective - C + + 代码示例。在 4_kmeans/ImageSegmentation 文件夹中提供了完整的 iOS 应用程序：

```
- (cv::Mat)kMeansClustering:(cv::Mat)input withK:(int)k {
  cv::cvtColor(input, input, CV_RGBA2RGB);
  cv::Mat samples(input.rows * input.cols, 3, CV_32F);

  for (int y = 0; y < input.rows; y++){
```

```
    for (int x = 0; x < input.cols; x++){
      for (int z = 0; z < 3; z++){
        samples.at<float>(y + x*input.rows, z) =
input.at<cv::Vec3b>(y,x)[z];
      }
    }
  }

  int clusterCount = k;
  cv::Mat labels;
  int attempts = 5;
  cv::Mat centers;
  kmeans(samples, clusterCount, labels,
cv::TermCriteria(CV_TERMCRIT_ITER|CV_TERMCRIT_EPS, 100, 0.01), attempts,
cv::KMEANS_PP_CENTERS, centers);

  cv::Mat outputMatrix( input.rows, input.cols, input.type());

  for (int y = 0; y < input.rows; y++) {
    for (int x = 0; x < input.cols; x++) {
      int cluster_idx = labels.at<int>(y + x*input.rows,0);
      outputMatrix.at<cv::Vec3b>(y,x)[0] = centers.at<float>(cluster_idx,
0);
      outputMatrix.at<cv::Vec3b>(y,x)[1] = centers.at<float>(cluster_idx,
1);
      outputMatrix.at<cv::Vec3b>(y,x)[2] = centers.at<float>(cluster_idx,
2);
    }
  }

  return outputMatrix;
}
```

4.9　小结

本章讨论了一项重要的无监督学习任务——聚类。最简单的聚类算法是 k‑均值算法。该算法不能提供稳定的结果，且计算复杂，但可以通过 k‑均值＋＋算法进行改进。k‑均值＋＋算法可应用于以欧氏距离作为有效度量的任何数据，不过最佳的应用领域是信号量化。例如，将该算法用于图像分割。对于不同类型的任务，还有更多的聚类算法。

在下一章中，我们将更深入地探索无监督学习。具体来说，将讨论在数据中查找关联规则的算法：关联学习。

第5章

关联规则学习

在许多实际应用中，数据都是以列表形式出现的（有序或无序）：购物清单、播放列表、访问过的网址或 URL、应用程序日志等。有时，这些列表是作为业务流程的副产品而生成的，但其中仍包含有潜在的有用信息和流程改进思路。要提取其中的一些隐含知识，可采用一种特殊的无监督学习算法——关联规则挖掘。在本章中，我们将构建一个应用程序，其可用于分析购物清单，并以规则形式确定个人偏好，例如"如果购买了燕麦片和玉米片，则估计还会购买牛奶"。该算法可用于创建一种适应性的用户体验，如上下文相关搜索建议或提示。

本章主要内容包括：

- 关联规则。
- 关联测度。
- 关联规则挖掘算法。
- 创建适应性用户体验。

5.1 查看关联规则

在许多情况下，感兴趣的是能够体现一些项具有某种共性的模式。例如，营销人员想要了解哪些商品经常会捆绑销售，临床人员需要了解与某些医疗状况相关的症状，而在信息安全方面，是想确定哪些活动模式与入侵或欺诈有关。所有这些问题都有一个共同结构：按交易形式（购物清单、医疗案例、用户活动事物）组织的项（商品、症状、日志记录）。借助这类数据，可对其进行分析以发现关联规则，例如，如果客户购买了一个柠檬和一些饼干，那么可能还会购买茶，我们用更正式的符号来表示：（饼干、柠檬→茶）。

 在本章中，我们将使用统计图标来促进项集合和规则的可视化表示：{⊙◎→☕}。

按照这些规则能够做出明智决策，例如将相关项放置在同一货架上，为患者提供妥善护理，在系统侦测到可疑活动时提醒安保人员。发现这些规则的无监督学习算法称为关联规则挖掘或关联规则学习算法。这些算法被认为是一种无监督学习，因为其无须标记数据即可生成规则。

 关联规则学习并不是通常在机器学习入门书籍中介绍的一种算法类型。这可能是由于其应用范围较窄。但是，在以下章节中，我们将分析规则学习如何成为适应性用户接口的引擎，以及如何在其他重要应用程序中具体应用。经过上述学习，希望会让大家认识到低估了这些方法的作用。

5.2 定义数据结构

在本章最后，想要实现一种称为 Apriori 的规则学习算法。稍后将会学习该算法的具体细节；在此，只是定义本章所用到的数据结构以及一些实用函数。

算法的通用结构如下：

```
public struct Apriori<Item: Hashable & Equatable> {
```

在最简单的情况下，项的交易顺序并不重要，项编号和相关时间戳也无关紧要。这意味着可将项集合和交易看作是数学运算或 Swift 集：

```
public typealias ItemSet = Set<Item>
```

参数 I 是交易的项类型。接下来，需实现一些子集和规则的结构：

```
class Subsets: Sequence {
  var subsets: [ItemSet]
  init(_ set: ItemSet) {
    self.subsets = Array(set).combinations().map(Set.init)
  }
  func makeIterator() -> AnyIterator<ItemSet> {
    return AnyIterator { [weak self] in
    guard let `self` = self else {
      return nil
    }
    return self.subsets.popLast()
  }
}
public struct Rule {
  let ifPart: Set<I>
  let thenPart: Set<I>
}
```

Apriori 算法的结构变量如下：

```
public var elements: Set<Int>
public let transactions: ContiguousArray<ItemSet>
public let map: [I: Int]
public let invertedMap: [Int: I]
```

在此保存支持类型以防止多次计算：

```
public convenience init(transactions: [[I]]) {
    self.init(transactions: transactions.map(Set<I>.init))
}

public init(transactions: [Set<I>]) {
    // 删除

    var indexedTransactions = [ItemSet]()
    var counter = 0
    var map = [I: Int]()
    var invertedMap = [Int: I]()


    for transaction in transactions {
        var indexedTransaction = ItemSet()
        for item in transaction {
            if let stored = map[item] {
                indexedTransaction.insert(stored)
            } else {
                map[item] = counter
                invertedMap[counter] = item
                indexedTransaction.insert(counter)
                counter += 1
            }
        }
        indexedTransactions.append(indexedTransaction)
    }
    self.transactions = ContiguousArray(indexedTransactions)
    self.elements = self.transactions.reduce(Set<Int>()) {$0.union($1)}
    self.map = map
    self.invertedMap = invertedMap

    self.total = Double(self.transactions.count)
}
```

5.3　利用关联测度进行规则评估

分析以下两条规则：

- {燕麦片、玉米片→牛奶}。
- {狗粮、回形针→洗衣粉}。

从直觉上，第二条规则比第一条规则似乎更不太可能。但是，如何确定呢？在这种情况下，需要一些量化指标来表明每条规则的可能性。此时所需要的就是在机器学习和数据挖掘中的关联测度。规则挖掘算法与关联测度的关系类似于基于距离的算法与距离度量的关系。在本章中，我们将使用四种关联测度：支持度、置信度、提升度和确信度（见表 5.1）。

表 5.1 常签名簿的关联测度

关联测度	计算公式	取值范围	备注
支持度	$supp(X) = P(X^+)$ $supp(X \cup Y) = P(X^+ \cap Y^+)$	$[0,1]$	数据集中 X 的出现频率是多大？X 和 Y 同时出现的频率是多大？
置信度	$conf(X \rightarrow Y) = \dfrac{supp(X \cup Y)}{supp(X)}$ $= \dfrac{P(X^+ \cap Y^+)}{P(X^+)} = P(Y^+ \mid X^+)$	$[0,1]$	给定存在 X，则 Y 也存在的概率是多大？
提升度	$lift(X \rightarrow Y) = \dfrac{conf(X \rightarrow Y)}{supp(Y)} = \dfrac{P(X^+ \cap Y^+)}{P(X^+)P(Y^+)}$	$[0, \infty]$	1 表明 X 和 Y 完全独立，因为对于独立事件 $P(A \cap B) = P(A)P(B)$
确信度	$conv(X \rightarrow Y) = \dfrac{1 - supp(Y)}{1 - conf(X \rightarrow Y)} = \dfrac{P(X^+)P(Y^-)}{P(X^+ \cap Y^-)}$	$[0, \infty]$	1 表明独立，∞ 表明恒成立

注意，这些测度并非衡量规则的有用程度或重要程度，而只是量化了其概率特性。规则的有用性和实用性很难用数学描述，且在每种情况下通常都需要人工判断。与统计学一样，分析结果的解释也是由领域专家或开发人员自行决定的。

5.3.1 支持度关联测度

假设现有由四个项组成的以下六个购物清单（六种交易）：热狗、西红柿、茶和饼干。数据如下：

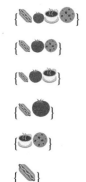

由上可知，交易 1 和 5 均涉及项集{}，因为该项集是这些交易的一个子集。在本例中，有 $2^n = 2^4 = 16$ 个可能的项集，其中包括空项集。

项集的支持度表明了该项集作为交易的一部分所出现的频率；换句话说，即涉及该项集的交易占多大比例。例如：

$$supp(\{\text{🍪}\text{🍪}\}) = \frac{2}{6} \approx 0.333$$

设空项集的支持度等于数据集中的交易次数（在本例中，supp（{}）= 6）。如果将所有项集表示为图的形式（见图 5.1），则可能会注意到支持度总是随着项集的增大而减小的。在挖掘关联规则时，通常是对支持度大于某一给定阈值的较大项集感兴趣；例如，若支持度阈值为 0.5，则相应的项集为 {{🌶️🍅}}，{{🍪}}，and{{🍪}}。也就是说，这意味着上述每个项集至少涉及所有交易的一半。

为方便起见，在此将提取关联测度到独立扩展结构：

```
public extension Apriori {
  public mutating func support(_ set: ItemSet) -> Double {
```

需保存已计算得到的支持度值，因为该值在算法运行期间不会变化，且能够避免重复执行这一计算成本较大的操作。但是，另一方面，这些解又会增加内存占用：

```
if let stored = supports[set] {
  return stored
}
let support = transactions.filter{set.isSubset(of: $0)}.count
let total = transactions.count
let result = Double(support)/Double(total)
supports[set] = result
return result
}
```

5.3.2　置信度关联测度

置信度关联测度是表明某个项在包括其他项的交易中发生的可能性：

$$conf(\{\text{🌶️}\text{🍅} \rightarrow \text{🍪}\}) = \frac{supp(\{\text{🌶️}\text{🍅}\text{🍪}\})}{supp(\{\text{🌶️}\text{🍅}\})} = \frac{2}{4} = 0.5$$

值得注意的是，置信度不能大于 1。该测度的问题在于未考虑项的通用支持度。如果 {🍪} 在数据集中普遍存在，那么很可能会存在于独立于任何关联的交易中。

注意：

$$conf(\{\text{🌶️} \rightarrow \text{🍅}\}) \neq conf(\{\text{🍅} \rightarrow \text{🌶️}\})$$

在 Swift 中的实现代码如下：

```
public mutating func confidence(_ rule: Rule) -> Double {
  return support(rule.ifPart.union(rule.thenPart))/support(rule.ifPart)
}
```

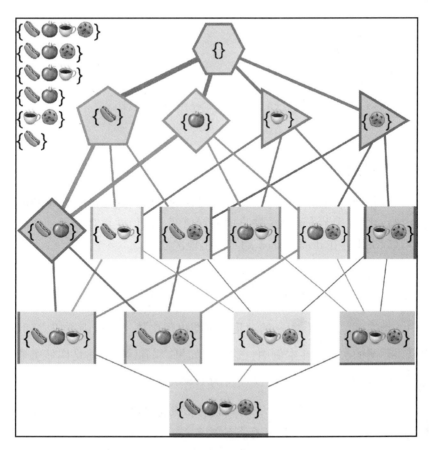

图 5.1 左上角给出了交易项集的图例。每个项集的粗边个数表示相应的支持度值（例如，三角形表示支持度 =3）。每个节点的输入边的宽度与其支持度成正比。注意，随着项集的增大，支持度从顶部（6）单调递减到底部（1）

5.3.3 提升度关联测度

提升度是对关注项的支持度经归一化后的置信度，如下所示：

$$lift\left(\left\{\begin{array}{c}\end{array}\right\}\right)=\frac{supp\left(\left\{\begin{array}{c}\end{array}\right\}\right)}{supp\left(\left\{\begin{array}{c}\end{array}\right\}\right)\times supp\left(\left\{\begin{array}{c}\end{array}\right\}\right)}=\frac{2}{4\times3}\approx0.167$$

提升度考虑了两个集合 {{ }} 和 {{ }} 的支持度。提升度（lift）>1 表示项呈正相关，这意味着如果存在箭头前的项，则很可能会购买箭头后的项。提升度（lift）<1 表示项呈负相关；在本例中，这意味着如果顾客已购买了热狗和西红柿，那么就不太可能在购物篮中再增加茶叶。提升度（lift）=1 表示完全不相关。

与置信度不同：

$$lift\left(\{ \text{◍} \rightarrow \text{●} \}\right) = lift\left(\{ \text{●} \rightarrow \text{◍} \}\right)$$

在 Swift 中的实现代码如下：

```
public mutating func lift(_ rule: Rule) -> Double {
    return
support(rule.ifPart.union(rule.thenPart))/support(rule.ifPart)/support(rule
.thenPart)
}
```

5.3.4　确信度关联测度

确信度是一种用于判断是否是偶然发生的规则的测度。这是由 Sergey Brin 及其同事于 1997 年[1]提出的，以替代无法确定关联方向的置信度。确信度是对于存在 if 而无 then 的一种概率对比，这取决于存在 if 而无 then 的实际出现次数：

$$conv\left(\{ \text{◍} \rightarrow \text{●} \}\right) = \frac{1 - supp\left(\{ \text{●} \}\right)}{1 - conf\left(\{ \text{◍} \rightarrow \text{●} \}\right)} = \frac{1 - 4/6}{1 - 4/5} \approx 1.667$$

在分子中，给出不包括 {{●}} 的项集的预期出现次数（即规则不成立的次数）。在分母中，给出错误预测的次数。在本例中，这表明如果{◍}和{●}之间是偶然关联的，则规则 {◍ → ●}成立的概率会高出大约 67%（通常为 1. 667）。

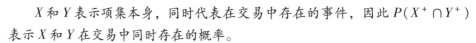

　　　　　　　　X 和 Y 表示项集本身，同时代表在交易中存在的事件，因此 $P(X^+ \cap Y^+)$ 表示 X 和 Y 在交易中同时存在的概率。

　　　　　　　有关规则学习中所用的全部关联测度及其解释说明、公式和相关参考文献，请参见 https://michael. hahsler. net/research/association _ rules/measures. html 中 Michael Hahsler 发表的论文 *A Probabilistic Comparison of Commonly Used Interst Measures for Assoliation Rules*（关联规则中常用测度的概率比较）。

5.4　问题分解

从数据集中以给定置信度和支持度来提取所有关联规则的任务非常重要。常用实现方法是将其分解为较小的子任务，如下：
- 查找支持度大于给定阈值的所有项集。
- 从置信度大于给定阈值的项集中生成所有可能的规则。

5.5　生成所有可能的规则

需要一种方法来生成数组元素的所有可能组合。通过子集的二进制表示可以确定所有组合，代码如下所示：

```
public extension Array {
public func combinations() -> [[Element]] {
        if isEmpty { return [] }
        let numberOfSubsets = Int(pow(2, Double(count)))
        var result = [[Element]]()
        for i in 0..<numberOfSubsets {
            var remainder = i
            var index = 0
            var combination = [Element]()
            while remainder > 0 {
                if remainder % 2 == 1 {
                    combination.append(self[index])
                }
                index += 1
                remainder /= 2
            }
            result.append(combination)
        }
        return result
    }
}
```

具体用例如下：

```
let array = [1,2,3]
print(array.combinations())
```

生成：

```
[[], [1], [2], [1, 2], [3], [1, 3], [2, 3], [1, 2, 3]]
```

5.6　查找频繁项集

算法实现的第一步是基于支持度关联测度。函数可返回支持度大于 minSupport 的所有项集：

```
func frequentItemSets(minSupport: Double) -> Set<ItemSet> {
    var itemSets = Set<ItemSet>()
    let emptyItemSet: ItemSet = ItemSet()
    supporters[emptyItemSet] = Array(0 ..< transactions.count)
```

在此，采用优先级队列数据结构来跟踪可能的扩展。

在 Foundation 或 Swift 标准库中并未提供优先级队列的实现，且标准数据结构也超出本书讨论范畴。本书采用的是 David Kopec（MIT 许可）的开源实现：https://github.com/davecom/SwiftPriorityQueue。

为了能适用于项集，代码需稍作修改，不是通过可比数据类型进行参数化，而是利用符合等效协议的类型进行参数化：

```
var queue = PriorityQueue<ItemSet>(order: { (lh, rh) -> Bool in
    lh.count > rh.count
}, startingValues: [emptyItemSet])
while let itemset = queue.pop() {
    var isMax = true

    for anExtension in allExtensions(itemset) {
        if isAboveSupportThreshold(anExtension, extending: itemset,
threshold: minSupport) {
            isMax = false
            queue.push(anExtension)
        }
    }
    if isMax == true {
        itemSets.insert(itemset)
    }
}
return itemSets
}
```

注意，该算法具有一个不良特性：会多次生成同一项集。稍后会详细讨论。

5.7　Apriori 算法

最著名的关联规则学习算法是 Apriori 算法。这是由 Agrawal 和 Srikant 于 1994 年提出的。该算法的输入是一个交易数据集，其中每个交易都是一个项集。输出是支持度和置信度大于某一给定阈值的关联规则集合。算法名称源于拉丁语 a priori（字面意思是"从……之前"），这是因为该算法隐含着一条重要规律：如果项集很少出现，那么可以事先确定其所有子集也很少出现。

Apriori 算法的实现步骤如下：

1）计算长度为 1 的所有项集的支持度，或计算数据集中每项的出现频率。

2）删除支持度小于阈值的项集。

3）保存剩余的所有项集。

4）以一个具有所有可能扩展的元素来扩展每个存储的项集。这也称为候选生成项集。

5）计算每个候选项集的支持度。

6）删除所有小于阈值的候选项集。

7）删除步骤 3）中所有与扩展项集支持度相同的所存项集。

8）保存其余所有候选项集。

9）重复步骤 4）~ 步骤 8），直到不再出现支持度大于阈值的扩展项集。

如果数据量很大，这并不是一种非常有效的算法，但无论如何，都不建议在移动应用程序中应用大数据。该算法在当时影响力很大，当然如今该算法也较为简单且易于理解，参见图 5-2。

　　如果要将从数据中提取规则作为服务器端数据处理管道的一部分，则可能需要在 mlx-tend Python 库中验证 Apriori 算法的实现，相关内容见链接 http://rasbt. github. io/mlxtend/us-er_ guide/ frequent_ patterns/ apriori/。

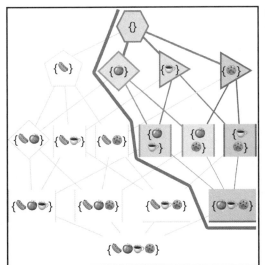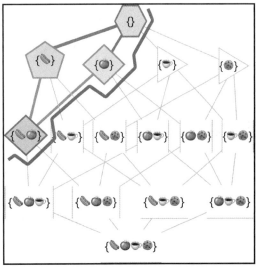

图 5.2　通过仅删除一个节点，即可将可行规则个数减少一半。通过删除两个节点，可将假设空间减少为 1/4

5.8　Swift 中的 Apriori 算法实现

　　下列给出的是在补充材料中提供的一个简化代码。在此省略了一些不太重要的部分。

　　返回具有给定支持度和置信度的关联规则的 main 方法的代码如下：

```
public func associationRules(minSupport: Double, minConfidence: Double) ->
[Rule] {
    var rules = [Rule]()
    let frequent = frequentItemSets(minSupport: minSupport)
    for itemSet in frequent {
        for (ifPart, thenPart) in nonOverlappingSubsetPairs(itemSet) {
            if confidence(ifPart, thenPart) >= minConfidence {
                let rule = Rule(ifPart: convertIndexesToItems(ifPart),
thenPart: convertIndexesToItems(thenPart))
                rules.append(rule)
            }
        }
    }

    return rules
}
```

```swift
func nonOverlappingSubsetPairs(_ itemSet: ItemSet) -> [(ItemSet, ItemSet)]
{
    var result = [(ItemSet, ItemSet)]()
    let ifParts = Subsets(itemSet)
    for ifPart in ifParts {
        let nonOverlapping = itemSet.subtracting(ifPart)
        let thenParts = Subsets(nonOverlapping)
        for thenPart in thenParts {
            result.append((ifPart, thenPart))
        }
    }
    return result
}
```

5.9 运行 Apriori 算法

最后，这是在示例中如何具体应用 Apriori 算法：

```swift
let transactions = [["🥖", "🍅", "🍜", "🍪"],
                    ["🥖", "🍅", "🍜"],
                    ["🥖", "🍅", "🍜"],
                    ["🥖", "🍅"],
                    ["🍜", "🍪"],
                    ["🍜", "🍪"],
                    ["🥖"]
]

let apriori = Apriori<String>(transactions: transactions)
let rules = apriori.associationRules(minSupport: 0.3, minConfidence: 0.5)
for rule in rules {
    print(rule)
    print("Confidence: ", apriori.confidence(rule), "Lift: ",
apriori.lift(rule), "Conviction: ", apriori.conviction(rule))
}
```

生成以下结果：

```
{ 🥖 → 🍅 }
Confidence:  0.8 Lift:  1.4 Conviction:  2.14285714285714
{ 🍅 → 🥖 }
Confidence:  1.0 Lift:  1.4 Conviction:  inf
{ 🍜 → 🍪 }
Confidence:  0.75 Lift:  1.3125 Conviction:  1.71428571428571
{ 🍪 → 🍜 }
Confidence:  0.75 Lift:  1.3125 Conviction:  1.71428571428571
```

由上可知，第二条规则具有最大的置信度和确信度。

5.10　在实际数据上运行 Apriori 算法

在本例中，从一个公寓中收集了现实生活中的购物清单，并构建了一个真实的小数据集。来验证是否能够通过所用的算法从中提取一些有意义的规则。需要注意的是，该数据集非常小。对于应用 Apriori 算法的任何实际应用程序来说，通常需要更大的数据集：

```
let transactions =
[["Grapes", "Cheese"],
["Cheese", "Milk"],
["Apples", "Oranges", "Cheese", "Gingerbread", "Marshmallows", "Eggs",
"Canned vegetables"],
["Tea", "Apples", "Bagels", "Marshmallows", "Icecream", "Canned
vegetables"],
["Cheese", "Buckwheat", "Cookies", "Oatmeal", "Banana", "Butter", "Bread",
"Apples", "Baby puree"],
["Baby puree", "Cookies"],
["Cookies"],
["Chicken", "Grapes", "Pizza", "Cheese", "Marshmallows", "Cream"],
["Potatoes"],
["Chicken"],
["Cornflakes", "Cookies", "Oatmeal"],
["Tea"],
["Chicken"],
["Chicken", "Eggs", "Cheese", "Oatmeal", "Bell pepper", "Bread", "Chocolate
butter", "Buckwheat", "Tea", "Rice", "Corn", "Cornflakes", "Juice",
"Sugar"],
["Bread", "Canned vegetables"],
["Carrot", "Beetroot", "Apples", "Sugar", "Buckwheat", "Rice", "Pasta",
"Salt", "Rice flour", "Dates", "Tea", "Butter", "Beef", "Cheese", "Eggs",
"Bread", "Cookies"]
]
```

在根据一定阈值进行一些实验后，可以看到最终得到的支持度为 0.15 和置信度为 0.75。以下代码得到了表 5.2 所示的规则：

```
let apriori = Apriori<String>(transactions: transactions)
let rules = apriori.associationRules(minSupport: 0.15, minConfidence: 0.75)
```

根据提升度大小对生成的规则进行排序：

表 5.2　规则

规则	置信度	提升度	确信度
{奶酪，面包→荞麦}	1	5.333333333	∞
{荞麦→奶酪，面包}	1	5.333333333	∞
{奶酪，荞麦→面包}	1	4	∞
{荞麦→面包}	1	4	∞
{面包→奶酪，荞麦}	0.75	4	3.25

（续）

规则	置信度	提升度	确信度
｛面包→荞麦｝	0.75	4	3.25
｛鸡蛋→奶酪｝	1	2.285714286	∞
｛荞麦，面包→奶酪｝	1	2.285714286	∞
｛荞麦→奶酪｝	1	2.285714286	∞
｛面包→奶酪｝	0.75	1.714285714	2.25
｛苹果→奶酪｝	0.75	1.714285714	2.25

荞麦是一种在东欧、西亚和其他地区流行的谷类作物。人们通常搭配黄油和面包喝荞麦粥（但波兰除外）。但在本例中，似乎更喜欢奶酪而不是黄油，这并不完全成立。11 条规则中有 7 条是建议购买奶酪，这并不奇怪，因为奶酪是所有交易中最常见的商品。剩下的 4 条规则是表明面包和荞麦之间的关联，这也并非偶然，因为在乌克兰地区，很多人一起食用这些商品，因此这些规则都是有效的。在此需要特别注意的是该算法能够提取与现实世界中实际现象相对应的模式：用户偏好、文化传统等。

5.11　Apriori 算法的优缺点

Apriori 算法的优点如下：
- 这是关联规则学习算法中最简单易懂的一种算法。
- 生成的规则直观且易于与最终用户沟通。
- 无须标记数据，因为这是完全无监督算法。因此，可以在许多不同情况下应用，因为未标记数据通常更易于获取。
- 在算法实现的基础上，针对不同用例提出了多种扩展方案，例如，现有一些关联学习算法考虑了项序、个数以及相关的时间戳。
- 这是一种穷举算法，因此可以找到具有指定支持度和置信度的所有规则。

Apriori 算法的缺点有：
- 如果数据集很小，则该算法可以发现许多偶然发生的虚假关联。这可以通过使用其余测试数据上获得的规则评估其支持度、置信度、提升度和置信度的值来解决此问题。
- 正如 Agrawal 和 Srikant 在其最初论文末尾处所指出的，该算法未考虑在交易中所购买产品的层次结构或物品个数。尽管这些附加信息对于市场消费品取样分析非常有用，但在其他规则挖掘领域可能不相关，且已超出本书机器学习方法的范畴。
- 该算法计算成本较高，但现有多种改进的 Apriori 算法可改善其算法复杂度。

5.12　建立适应性强的用户体验

人机交互绝非易事。计算机不能理解语音、情感或肢体语言。但是，人们都习惯于通过非智能化按钮、下拉菜单、选择器、开关、复选框、滑块以及数百种其他控件与智能设备进行通信。这些控件都遵循一种通常称为 UI（用户界面）的新的语言。尽管发展缓慢但这是大势所趋，机器学习已渗入到计算机与人类直接交互的所有领域：语音输入、手写输入、唇读、手势识别、人体姿态估计、面部表情识别、情绪分析等。这可能不会立即见效，但机器学习是 UI 和 UX（用户体验）的未来发展趋势。如今，机器学习已在逐步改变用户与设备的交互方式。基于机器学习的解决方案由于其便捷性，很可能会在 UI 中广泛采用。此外，推荐排名、上下文提示、自动翻译和个性化服务也是大多数互联网用户已经习惯的元素。Facebook 应用程序就是一个表明机器学习是如何为 UI 赋能的很好示例，该应用程序在设备上运行的机器学习算法（甚至是脱机）可自动按时间线对帖子进行排序。

在设计界，这种用户交互模式通常称为**预期设计**或**算法设计**，常常被描述为新趋势或"黑魔法"。本质上，在博客或报告中看到的所有预期设计示例都是机器学习的案例（只是不要告诉设计人员）。机器学习不仅可以促进大数据分析，还可以改进 UI 的微小调整，例如改变界面上按钮的位置或猜测用户下一步要做什么并帮助实现。如果设计和测试得当，这些改变会使得应用程序更加有趣和易于使用。这种设计模式的主要目的是让用户在应用程序的使用过程中减少学习负担。当开始使用一个新的应用程序时，通常就像是置身于一个新的环境中：需要学习不同对象的位置，如何确定期望对象的位置以及捷径和陷阱的位置。通过让计算机向用户学习，可以调整 UX（用户体验）以加快用户的学习效率。

Laura Busche 在其博客文章（*What You Need To Know About Anticipatory Design*）（关于预期设计需要注意什么）中阐述了 Smashing 杂志的预期设计特别好这一观念：

"在心理学中，采用**认知负荷**一词来描述在任何特定时刻工作记忆所用的脑力活动量。对于参与用户体验设计的每个人，认知负荷都是一项至关重要的考虑因素。是否可以尽其所能减轻学习使用新产品而造成的压力？如何减少用户需要时刻担心的操作要素个数？减少认知负荷是预期设计的基石，因为这有助于通过预见用户需求来创造更愉悦的体验。"

预期设计暗含的主要思想是选择越少越好的原则——即以一种智能方式减少用户的操作选择个数。

在实际应用中，可以根据应用程序的不同，以多种不同方式来执行此操作。可以滤除不相关的结果，将最有可能的选项在列表上置顶或增大这些选项的字体大小等方式。

回到本章主题，可以使用关联规则学习来分析应用程序中的用户活动，并尽量减小其可能性空间。例如，在照片编辑应用程序中，用户对其照片应用一组滤镜。一旦用户选择了第一个滤镜后，可以利用规则来预测下一个最有可能应用哪种滤镜（甚至哪一组滤镜）。在此，可以根据一种关联测度对候选滤镜进行排序。在第 7 章中，我们将会讨论另一个基于监督学习的预期设计示例。

5.13　小结

本章探讨了关联规则学习，这是无监督学习的一个分支。实现了可用于在不同交易数据集中以规则形式查找模式的 Apriori 算法。Apriori 算法的经典用例是市场消费品取样分析。不过，该算法在概念上也很重要，因为规则学习算法搭建起了传统人工智能方法（逻辑编程、概念学习、搜索图等）与基于逻辑的机器学习（决策树）之间的桥梁。

在下一章中，将返回到监督学习，只是这次将注意力从非参数模型（如 KNN 和 k – 均值）转移到参数线性模型。另外，还将讨论线性回归和梯度下降优化方法。

参 考 文 献

1. Sergey Brin, Rajeev Motwani, Jeffrey D. Ullman, and Shalom Tsur, *Dynamic itemset counting and implication rules for market basket data*, in SIGMOD 1997, Proceedings ACM SIGMOD international conference on Management of data, pages 255-264, Tucson, Arizona, USA, May 1997
2. Rakesh Agrawal and Ramakrishnan Srikant, *Fast Algorithms for Mining Association Rules*, Proceedings of the 20th international conference on very large databases, VLDB, pages 487-499, Santiago, Chile, September 1994 at: http://www.vldb.org/conf/1994/P487.PDF

第6章

线性回归和梯度下降

在前面的章节中，我们已经实现了包括 KNN 和 k – 均值在内的非参数模型及其在监督分类和无监督聚类中的应用。本章将通过讨论回归算法来继续介绍监督学习，不过这次着重于参数模型。线性回归是解决这类问题的一种简单而功能强大的工具。从历史上而言，线性回归是第一个机器学习算法，因此其蕴含的数学运算得到了充分研究，可以很容易地找到很多专门针对这一主题的图书。从中可以了解到何时适用于线性回归，哪些情况不适用线性回归，如何分析回归误差，以及如何解释所得结果。针对 Swift，在此将尝试利用 Apple 的数值程序库——Accelerate 框架。

线性回归将作为一个示例来阐述一种重要的数学优化技术——梯度下降。这种迭代算法会一直应用到本书结束，因为其在人工神经网络的训练过程中大量应用。

本章将要讨论和实现的算法包括：

- 单特征数据集的简单线性回归。
- 多特征数据集的多元线性回归。
- 梯度下降算法。
- 数据归一化。

6.1 了解回归任务

正如之前所述，回归任务是监督学习的一种特殊情况，即用实数代替标签。这是其与所有标签均为类别的分类任务的主要区别。可通过回归分析来研究两个或多个变量之间的相互作用。例如，个人计算机的价格取决于计算机的具体性能，如 CPU 核的数量和类型、内存大小、显卡性能以及存储类型和大小。在回归情况下，通常将特征称为自变量，标签称为因变量。在本例中，自变量是计算机性能，因变量是价格。建立回归模型后，就可以预测更适合购买哪种计算机。此外，回归模型还可以针对每种性能对于最终价格的影响进行有依据的推测。这可能是构建下一代应用程序的一种思路。

回归分析是统计学的一个分支，研究因变量的变化如何依赖于自变量的变化。同时还可用于确定哪些自变量是必需的，而哪些不是必需的。在某些情况下，回归分析甚至可以用来推断变量之间的因果关系。

　　在多个 Swift 库中提供了不同的回归算法实现：AIToolbox、MLKit、multi-linear – math 和 YCML。

6.2　简单线性回归简介

　　线性回归早在第一台电子计算机发明和机器学习一词出现之前的福尔摩斯时代（Sherlock Holmes）就已存在。回归一词及其计算算法是由英国数学家 Francis Galton 爵士于 1886 年在 *Regression towards Mediocrity in Hereditary Stature* 一书中提出的。这是 Galton 在研究如何创造完美人类种群时提出的一个概念。回归的任务是在给定父母身体测量结果的情况下预测孩子的身体参数。因此，如今人们普遍认为 Galton 爵士是优生学之父，而不是第一个机器学习算法的提出者。在本章后面部分，将遵循 Galton 的研究思路（不会相差甚远），采用线性回归来预测一些生物数据。线性回归往往是健身应用程序中机器学习算法的最佳选择。可通过该应用程序来建模各种简单的依赖关系：肌肉生长取决于训练程度、体重减轻取决于卡路里的摄入量等。

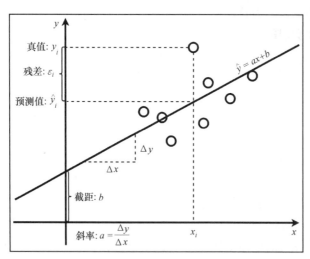

图 6.1　线性回归图示

　　由图 6.1 可知以下各个量：

- x：自变量或特征。
- y：因变量或目标。

- $\hat{y}$：因变量的预测值。
- y_i：给定数据点的因变量真值。
- $\hat{y_i}$：给定数据点的因变量预测值。
- a：斜率——x 每增加一个单位，y 的预测变化率。
- b：y 截距——x 为零时，y 的预测值。
- ε_1：给定数据点的残差（误差）。

线性回归的概念非常简单。正如上一章中所述的，监督学习中的模型是一个已知输入特征 x（父母身高）预测输出标签 y（Galton 研究中的孩子身高）的数学函数 $f(x)$。或许每位读者都对一个简单的直线方程记忆深刻：$y = ax + b$，其中系数 a 可调节直线的斜率，而 b 项是 y 的截距。假设 x 和 y 之间是线性关系，则可假设数据集满足函数 $y_i = a x_i + b + \varepsilon_i$，其中 ε 代表误差（测量误差或任何其他类型的误差）。这条直线就是任务的模型（或假设函数 $h(x)$）。现在，着重讨论 y 仅由单个特征 x 确定的情况。这种回归即称为简单线性回归。要开始进行预测时，需要参数 a 和 b。实际上，学习过程的目标是为所建模型选择最佳参数，以使得直线以最佳方式拟合数据集。也就是说，最佳参数才能做出最准确的预测。为了区分准确和不准确的预测，需要使用另一个函数：损失（或成本）函数。Francis Galton 爵士是采用最小二乘法来估计模型参数的。

线性回归算法极大依赖于线性代数。在 Swift 中实现时采用了 Accelerate 框架。必须使用下面代码将其导入：

```
import Accelerate
```

Accelerate 框架

Accelerate 框架包含了优化 Apple 硬件最佳性能的底层功能。vDSP 子库包含向量运算和数字信号处理函数。在第 11 章中，我们将详细介绍 Accelerate 框架和其他底层数值程序库。目前，只需了解该框架是快速且底层的即可。

首先，创建一个 SimpleLinearRegression 类。其中包含两个双精度变量：模型参数 slope（a）和 intercept（b）：

```
class SimpleLinearRegression {
var slope = 1.0
var intercept = 0.0
}
```

该类的主要功能是训练模型，并利用该模型进行预测。为此，需添加以下方法：
- predict（），有两种形式：单样本［输入特征值 x 并返回预测值 $h(x)$］和样本数组（输入 double 型样本数组并返回 double 型的预测数组）。
- train（），输入等长的样本向量 xVec 和标签向量 yVec，并更新参数 slope 和 intercept。

上述两种 predict（）函数都只是调用相应的假设函数，如以下代码所示。稍后，将为函数添加更多功能：

```swift
func predict(x: Double) -> Double {
    return hypothesis(x: x)
}
```

多个样本时：

```swift
func predict(xVec: [Double]) -> [Double] {
    return hypothesis(xVec: xVec)
}
```

现在添加假设函数 $h(x) = ax + b$，如下所示：

```swift
func hypothesis(x: Double) -> Double {
    return slope*x + intercept
}
```

以向量化形式一次性处理多个样本：

```swift
func hypothesis(xVec: [Double]) -> [Double] {
    let count = UInt(xVec.count)
    var scaledVec = [Double](repeating: 0.0, count: Int(count))
    vDSP_vsmulD(UnsafePointer(xVec), 1, &slope, &scaledVec, 1, count)
    var resultVec = [Double](repeating: 0.0, count: Int(count))
    vDSP_vsaddD(UnsafePointer(scaledVec), 1, &intercept, &resultVec, 1,
count)
    return resultVec
}
```

模型训练函数如下：

```swift
func train(xVec: [Double], yVec: [Double], learningRate: Double, maxSteps:
Int) {
        precondition(xVec.count == yVec.count)
        precondition(maxSteps > 0)
// 训练的目标是使成本函数最小化
}
```

损失函数

在 1.7.5 节中已给出了损失函数的定义，但这是第一次真正在代码中实现实值损失函数，因此需重温一下。

在机器学习中，损失函数（或成本函数）是将模型参数映射到实值成本上。

6.2.1　利用最小二乘法拟合回归线

正如在第 1 章中所述的，对于监督学习，需要有两个函数：模型函数和损失函数。在此将采用最小二乘损失函数来评估模型质量。最小二乘法是由高斯在 17 世纪末提出的。其本质是最小化数据点到回归线之间的距离。真值 y_i 和预测值 $h(x_i)$ 之差（偏差）称为残差，记为 ε_i。损失函数 J 是残差平方和（RSS），只需稍作修改即可。如果有 n 个特征为 x_i，标签

为 y_i 的样本，则 RSS 可计算如下：

$$\text{RSS} = \sum_{i=1}^{n} \varepsilon_i^2 = \sum_{i=1}^{n} \left(h(x_i) - y_i \right)^2 = \| h(x) - y \|^2$$

注意，需在求和之前对所有残差求平方，以防止正负残差相互抵消。为保证 RSS 与数据集大小无关，将 RSS 除以 n。另外，为简化后续计算，再将结果除 2。

Swift 下的最终损失函数如下：

```
func cost(trueVec: [Double], predictedVec: [Double]) -> Double {
    let count = UInt(trueVec.count)
```

现在计算欧氏平方距离，如下所示：

```
    var result = 0.0
    vDSP_distancesqD(UnsafePointer(trueVec), 1,
UnsafePointer(predictedVec), 1, &result, 1)
```

另外，可按向量长度进行归一化，如以下代码所示：

```
    result /= (2*Double(count))
    return result
 }
```

这表明了假设函数拟合数据的程度。目标是最小化该函数：更改参数 a 和 b 以找到最小损失函数：$\min_{ab} J(a,b)$。通过简单的微积分，可证明利用以下公式能够计算出使得损失函数最小的 a 和 b：

$$b = \rho_{xy} \frac{\sigma_y}{\sigma_x}$$

$$a = \mu_x - b\mu_y$$

式中，ρ 是相关系数；σ 是标准方差；μ 是均值。

1. 在何处使用梯度下降和正则方程

如果目标只是在应用程序中增加线性回归，那么到此为止就已完成了。不过，还有另一种更重要的方法来获得同样的系数，一种称为**梯度下降**的优化技术。在许多机器学习算法（包括深度神经网络）中，是采用梯度下降算法及其多次梯度来搜索损失函数最小值，在该算法中，不可能直接得到线性回归那样的解析解。因此，最好先在一个简单示例（如线性回归）上练习一下，以便在讨论更复杂的算法时，能够非常熟练地使用它。

2. 利用梯度下降最小化函数

如果机器学习算法是一辆汽车，那么优化算法就是汽车引擎。有关更多信息，请参见 https://www.pyimagesearch.com/2016/10/10/gradient-descent-with-python/。

根据数学知识，已知函数 $f(x)$ 的导数 $\dfrac{\mathrm{d}f(x)}{\mathrm{d}x}$ 的几何解释是函数在任一给定点（x）的斜率。现在，如果是一个具有两个参数的函数 $f(x,y)$，则无法按之前所述方法计算导数。不过，可以计算偏导数：$\left[\dfrac{\partial f(y)}{\partial x}, \dfrac{\partial f(x)}{\partial y} \right]$。由这些偏导数组成的向量称为梯度，相应的运算符记为 Nabla 符号∇。

回归损失函数 $J(a,b)$ 的梯度是向量 ∇J $(a,b) = \left[\frac{\partial J(b)}{\partial a}, \frac{\partial J(a)}{\partial b}\right]$。以类似于导数的方式表示曲线在每一点处的斜率，此时梯度是高程图，其中向量表示图中每一点处的最陡方向。

线性回归的损失函数呈碗状（见图 6.2）。想象一只位于碗边缘的蜗牛。如果视力不佳，只能感知表面坡度的方向。那怎么能够到达碗的底部呢？蜗牛只需沿最陡方向缓慢前进，这与路径上每个给定点的梯度方向正好相反。

线性回归中的梯度下降算法工作过程如下：

1）随机初始化 a 和 b（或设置为预定义值）。

2）在与梯度指向相反的方向上执行 α（alpha）步。

3）执行结束时该点的坐标为新的 a 和 b。

4）重复步骤 2），直到达到收敛。

从数学上可表示为

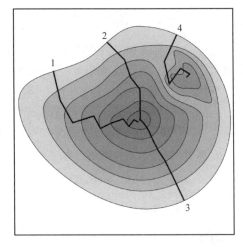

图 6.2 具有两个变量的一些假设函数的梯度下降轨迹。左图是高度图，右图是三维曲面

$$a' = a - \alpha\frac{\partial}{\partial\alpha}J(a,b)$$

$$b' = b - \alpha\frac{\partial}{\partial b}J(a,b)$$

现在，在 Swift 中实现上述算法。梯度下降是一种迭代算法，因此需利用循环结构和一些中断条件：maxSteps（算法迭代的最大次数），用于验证收敛条件。该函数直接输入向量 x 和 y，学习率 α，而隐式修改权重 a 和 b：

```
func gradientDescent(xVec: [Double], yVec: [Double], α: Double, maxSteps:
Int) {
    for _ in 0 ..< maxSteps {
        let (newSlope, newIntercept) = gradientDescentStep(xVec: xVec,
yVec: yVec, α: α)
        if (newSlope==slope && newIntercept==intercept) { break } //
收敛
        slope = newSlope
        intercept = newIntercept
    }
}
```

注意，应同时更新 a 和 b（slope 和 intercept）。

以下是执行一步梯度下降：

```
// α是学习率
func gradientDescentStep(xVec: [Double], yVec: [Double], α: Double) ->
(Double, Double) {
    // 计算假设预测
    let hVec = hypothesis(xVec: xVec)
    // 计算参数梯度
    let slopeGradient = costGradient(trueVec: yVec, predictedVec: hVec,
xVec: xVec)
    let newSlope = slope + α*slopeGradient
    let dummyVec = [Double](repeating: 1.0, count: xVec.count)
    let interceptGradient = costGradient(trueVec: yVec, predictedVec: hVec,
xVec: dummyVec)
    let newIntercept = intercept + α*interceptGradient
    return (newSlope, newIntercept)
}
```

这时的成本函数的导数是通过手工简单推导而得到的：

```
// 成本函数的导数
func costGradient(trueVec: [Double], predictedVec: [Double], xVec:
[Double]) -> Double {
    let count = UInt(trueVec.count)
    var diffVec = [Double](repeating: 0.0, count: Int(count))
    vDSP_vsubD(UnsafePointer(predictedVec), 1, UnsafePointer(trueVec), 1,
&diffVec, 1, count)
    var result = 0.0
    vDSP_dotprD(UnsafePointer(diffVec), 1, UnsafePointer(xVec), 1, &result,
count)
    // 按向量长度归一化
    return result/Double(count)
}
func gradientDescentStep(x: Vector<Double>,
y: Vector<Double>, α: Double) -> (Double, Double) {
    let new = Vector([b, a]) - α*cost_d(x: x, y: y)
    return (new[1], new[0])
}
```

切记更新 train 函数：

```
func train(xVec: [Double], yVec: [Double], learningRate: Double, maxSteps:
Int) {
    gradientDescent(xVec: xVec, yVec: yVec, α: learningRate, maxSteps:
maxSteps)
}
```

图 6.3 显示了损失函数与参数 w 的关系。

6.2.2　利用简单线性回归预测未来

在撰写本书时，本人利用简单线性回归估计了大概完成日期。偶尔记录目前为止所完成的总页数，然后将这些数据输入到线性回归模型中。这里的页数是特征，而日期是标签。

线性趋势对于任何处理某种渐行过程或任务的应用程序都是一个非常有用的特性，尤其

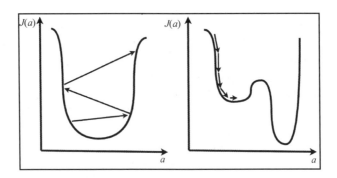

图 6.3　显示损失函数与参数 w 关系的图。学习率 α：左图过大，导致超调；
右图过小，导致收敛速度慢并陷入局部极小值

是与图表结合使用时。在本章后面部分，我们将学习如何建立非线性趋势线，即多项式。

现在进行预测：

```
let xVec: [Double] = [2,3,4,5]
let yVec: [Double] = [10,20,30,40]

let regression = SimpleLinearRegression()
regression.train(xVec: xVec, yVec: yVec, learningRate: 0.1, maxSteps: 31)

regression.slope
regression.intercept

regression.predict(x: 7)
regression.cost(trueVec: yVec, predictedVec: regression.predict(xVec:
xVec))
```

6.3　特征缩放

　　如果具有多个特征，且取值范围相差很大，则许多机器学习算法可能需要在数据上花费大量时间：取值较大的特征可能会抑制绝对值较小的特征。解决这类问题的一种标准方式是**特征缩放**（也称为**特征/数据归一化**）。执行特征缩放的方法有多种，但最常见的两种是重新缩放和标准化。这是一个在将数据输入给学习程序之前需要执行的预处理过程。

　　最小二乘法与计算两点之间的欧氏距离基本相同。如果要计算两点之间的距离，我们希望每个维度对结果的作用相等。对于线性回归特征，其作用大小取决于每个特征的绝对值。这就是为什么在线性回归之前必须进行特征缩放的原因。稍后，在研究深度学习神经网络时将会讨论类似的批量归一化技术。

　　输入数据中的特征可以有不同的取值范围。例如：用户年龄是 0 ~ 120 岁，用户身高是 0 ~ 5m。许多损失函数在处理此类数据时都会遇到一类问题。在欧氏距离下，绝对值较大的特征将会抑制绝对值较小的特征。这就是为什么通常在将数据传递给机器学习算法之前，要

对其进行归一化的原因。具体方法为

$$x' = \frac{x - \max(x)}{\max(x) - \min(x)}$$

对于 scikit – learn，请参见以下链接：
http://scikit – learn. org/stable/modules/preprocessing. html。

6.4　特征标准化

另一种方法是特征标准化，即

$$x' - \frac{x - \mu}{\sigma}$$

在应用程序中具体采用哪种方法取决于自己的选择，但必须确保至少采用其中一种方法。

通常，设置一个归一化函数：

```
func normalize(vec: [Double]) -> (normalizedVec: [Double], mean: Double,
std: Double) {
    let count = vec.count
    var mean = 0.0
    var std = 0.0
    var normalizedVec = [Double](repeating: 0.0, count: count)
    vDSP_normalizeD(UnsafePointer(vec), 1, &normalizedVec, 1, &mean, &std,
UInt(count))
    return (normalizedVec, mean, std)
}
```

现在需要更新 train 方法：

```
func train(xVec: [Double], yVec: [Double], learningRate: Double, maxSteps:
Int) {
    precondition(xVec.count == yVec.count)
    precondition(maxSteps > 0)
    if normalization {
        let (normalizedXVec, xMean, xStd) = normalize(vec: xVec)
        let (normalizedYVec, yMean, yStd) = normalize(vec: yVec)
        // 在预测阶段保存means和std-s值
        self.xMean = xMean
        self.xStd = xStd
        self.yMean = yMean
        self.yStd = yStd
        gradientDescent(xVec: normalizedXVec, yVec: normalizedYVec, α:
learningRate, maxSteps: maxSteps)
    } else {
        gradientDescent(xVec: xVec, yVec: yVec, α: learningRate, maxSteps:
maxSteps)
    }
}
```

同时还需更新 predict 方法：

```
func predictOne(x: Double) -> Double {
    if normalization {
        return hypothesis(x: (x-xMean)/xStd) * yStd + yMean
    } else {
        return hypothesis(x: x)
    }
}
```

在向量情况下，稍微复杂一些，但本质上处理过程相同：平移 – 缩放，反缩放 – 反平移：

```
func predict(xVec: [Double]) -> [Double] {
    if normalization {
        let count = xVec.count
        // 归一化
        var centeredVec = [Double](repeating: 0.0, count: count)
        var negMean = -xMean
        vDSP_vsaddD(UnsafePointer(xVec), 1, &(negMean), &centeredVec, 1,
UInt(count))
        var scaledVec = [Double](repeating: 0.0, count: count)
        vDSP_vsdivD(UnsafePointer(centeredVec), 1, &xStd, &scaledVec, 1,
UInt(count))
        // 预测
        let hVec = hypothesis(xVec: scaledVec)
        // 反归一化
        var unScaledVec = [Double](repeating: 0.0, count: count)
        vDSP_vsmulD(UnsafePointer(hVec), 1, &yStd, &unScaledVec, 1,
UInt(count))
        var resultVec = [Double](repeating: 0.0, count: count)
        vDSP_vsaddD(UnsafePointer(unScaledVec), 1, &yMean, &resultVec, 1,
UInt(count))
        return resultVec
    } else {
        return hypothesis(xVec: xVec)
    }
}
```

现在进行预测：

```
let xVec: [Double] = [2,3,4,5]
let yVec: [Double] = [10,20,30,40]

let regression = SimpleLinearRegression()
regression.normalization = true
regression.train(xVec: xVec, yVec: yVec, learningRate: 0.1, maxSteps: 31)

regression.slope
1.0
regression.intercept
-1.970....
regression.xMean
3.5
```

```
regression.xStd
1.1180...
regression.yMean
25.0

regression.yStd
11.18033987...
regression.predict(x: 7)
60.0
regression.cost(trueVec: yVec, predictedVec: regression.predict(xVec:
xVec))
1.5777218...
```

6.4.1　多元线性回归

如果是在多特征数据集上执行回归任务，则不能采用简单线性回归，不过可应用其泛化形式：多元线性回归。这时的预测方程如下：

$$y_i = \boldsymbol{x}_i^{\mathrm{T}} \boldsymbol{w}$$

式中，$\boldsymbol{x}_i^{\mathrm{T}}$ 是具有 m 个特征的样本（特征向量）；$\boldsymbol{w}$ 是长度为 m 的权重行向量。因变量 y_i 是一个标量。

损失函数最小化变为

$$\boldsymbol{w}_{\min} = \underset{\boldsymbol{w}}{\operatorname{argmin}} \|\boldsymbol{w}\boldsymbol{X} - \boldsymbol{y}\|^2 = \underset{\boldsymbol{w}}{\operatorname{argmin}} \sum_{i=0}^{n} (h(x_i) - y_i)^2$$

式中，$\| \ \|$ 是欧氏范数（向量长度）：$\|v\| = \sqrt{v_1^2 + \cdots + v_n^2}$。注意，这与向量 $\boldsymbol{wx}$ 和 $\boldsymbol{y}$ 之间的欧氏距离相同。

另外，还可以将多元线性回归拟合看作线性方程组的解，其中每个系数都是一个特征值，而每个变量都是相应的权重值：

$$\begin{cases} 10w_1 + 0.5w_2 - 3w_3 = 15 \\ 2w_1 + 0.3w_2 + 1.5w_3 = 8 \\ 7w_1 - 0.1w_2 - 2w_3 = 4 \\ \cdots \\ X_{i1}w_1 + X_{i2}w_2 + \cdots + X_{ij}w_j = y_i \end{cases}$$

或

$$Xw = y$$

上述线性方程组可能存在的问题是没有精确解，因此希望获得一个即使不精确，但在某种程度上也是最优的解。

6.5　在 Swift 中实现多元线性回归

MultipleLinearRegression 类包含一个权重向量，以及数据归一化的相关变量：

```
class MultipleLinearRegression {
public var weights: [Double]!
public init() {}
public var normalization = false
public var xMeanVec = [Double]()
public var xStdVec = [Double]()
public var yMean = 0.0
public var yStd = 0.0
...
}
```

假设函数和预测函数：

```
    public func predict(xVec: [Double]) -> Double {
    if normalization {
        let input = xVec
        let differenceVec = vecSubtract([1.0]+input, xMeanVec)
        let normalizedInputVec = vecDivide(differenceVec, xStdVec)
        let h = hypothesis(xVec: normalizedInputVec)
        return h * yStd + yMean
    } else {
        return hypothesis(xVec: [1.0]+xVec)
    }
    }

    private func hypothesis(xVec: [Double]) -> Double {
    var result = 0.0
    vDSP_dotprD(xVec, 1, weights, 1, &result, vDSP_Length(xVec.count))
    return result
    }

public func predict(xMat: [[Double]]) -> [Double] {
let rows = xMat.count
precondition(rows > 0)
let columns = xMat.first!.count
precondition(columns > 0)

if normalization {
    let flattenedNormalizedX = xMat.map{
        return vecDivide(vecSubtract($0, xMeanVec), xStdVec)
        }.reduce([], +)
    // 在矩阵前面添加一列
    let basisExpanded = prepentColumnOfOnes(matrix: flattenedNormalizedX,
rows: rows, columns: columns)
    let hVec = hypothesis(xMatFlattened: basisExpanded)
    let outputSize = hVec.count
    let productVec = vecMultiply(hVec, [Double](repeating: yStd, count:
outputSize))
    let outputVec = vecAdd(productVec, [Double](repeating: yMean, count:
outputSize))
    return outputVec
```

```
} else {
    // 按列转为行向量
    let flattened = xMat.map{[1.0]+$0}.reduce([], +)
    return hypothesis(xMatFlattened: flattened)
}
}

private func hypothesis(xMatFlattened: [Double]) -> [Double] {
let matCount = xMatFlattened.count
let featureCount = weights.count
precondition(matCount > 0)
let sampleCount = matCount/featureCount
precondition(sampleCount*featureCount == matCount)
let labelSize = 1
let result = gemm(aMat: xMatFlattened, bMat: weights, rowsAC: sampleCount,
colsBC: labelSize, colsA_rowsB: featureCount)
return result
}
```

最小二乘成本函数，与简单回归几乎相同：

```
public func cost(trueVec: [Double], predictedVec: [Double]) -> Double {
let count = trueVec.count
// 计算欧氏平方距离
var result = 0.0
vDSP_distancesqD(trueVec, 1, predictedVec, 1, &result, 1)
// 按向量长度归一化
result/=(2*Double(count))

return result
}
```

6.5.1 多元线性回归的梯度下降

多元线性回归的梯度下降计算如下：

```
// α成本函数求导
private func costGradient(trueVec: [Double], predictedVec: [Double],
xMatFlattened: [Double]) -> [Double] {
    let matCount = xMatFlattened.count
    let featureCount = weights.count
    precondition(matCount > 0)
    precondition(Double(matCount).truncatingRemainder(dividingBy:
Double(featureCount)) == 0)
    let sampleCount = trueVec.count
    precondition(sampleCount > 0)
    precondition(sampleCount*featureCount == matCount)
    let labelSize = 1
    let diffVec = vecSubtract(predictedVec, trueVec)
    // 按向量长度归一化
    let scaleBy = 1/Double(sampleCount)
    let result = gemm(aMat: xMatFlattened, bMat: diffVec, rowsAC:
featureCount, colsBC: labelSize, colsA_rowsB: sampleCount, transposeA:
true, α: scaleBy)
    return result
```

```
    }
    // α为学习率
    private func gradientDescentStep(xMatFlattened: [Double], yVec:
[Double], α: Double) -> [Double] {
        // 计算假设预测
        let hVec = hypothesis(xMatFlattened: xMatFlattened)
        // 计算参数梯度
        let gradient = costGradient(trueVec: yVec, predictedVec: hVec,
xMatFlattened: xMatFlattened)
        let featureCount = gradient.count
        // newWeights = weights - α*gradient
        var alpha = α
        var scaledGradient = [Double](repeating: 0.0, count: featureCount)
        vDSP_vsmulD(gradient, 1, &alpha, &scaledGradient, 1,
vDSP_Length(featureCount))
        let newWeights = vecSubtract(weights, scaledGradient)
        return newWeights
    }
    private func gradientDescent(xMatFlattened: [Double], yVec: [Double],
α: Double, maxSteps: Int) {


        for _ in 0 ..< maxSteps {
            let newWeights = gradientDescentStep(xMatFlattened:
xMatFlattened, yVec: yVec, α: α)
            if newWeights==weights {
                print("convergence")
                break
            } // 收敛
            weights = newWeights
        }
    }
```

1. 训练多元回归

接下来分析如何训练多元回归：

```
 private func prepentColumnOfOnes(matrix: [Double], rows: Int, columns:
Int) -> [Double] {
let weightsCount = columns+1

var withFirstDummyColumn = [Double](repeating: 1.0, count: rows *
(columns+1))
for row in 0..<rows {
    for column in 1..<weightsCount {
        withFirstDummyColumn[row*weightsCount + column] =
matrix[row*columns + column-1]
    }
}
return withFirstDummyColumn
}


public func train(xMat: [[Double]], yVec: [Double], learningRate: Double,
```

```
maxSteps: Int) {
precondition(maxSteps > 0, "The number of learning iterations should be
grater then 0.")
let sampleCount = xMat.count
precondition(sampleCount == yVec.count, "The number of samples in xMat
should be equal to the number of labels in yVec.")
precondition(sampleCount > 0, "xMat should contain at least one sample.")
precondition(xMat.first!.count > 0, "Samples should have at least one
feature.")
let featureCount = xMat.first!.count
let weightsCount = featureCount+1

weights = [Double](repeating: 1.0, count: weightsCount)
// 按列转为行向量
let flattenedXMat = xMat.reduce([], +)

if normalization {
    let (normalizedXMat, xMeanVec, xStdVec) = matNormalize(matrix:
flattenedXMat, rows: sampleCount, columns: featureCount)
    let (normalizedYVec, yMean, yStd) = vecNormalize(vec: yVec)
    // 保存预测阶段的means和std-s
    self.xMeanVec = xMeanVec
    self.xStdVec = xStdVec
    self.yMean = yMean
    self.yStd = yStd
    // 在矩阵中添加第一列
    let designMatrix = prepentColumnOfOnes(matrix: normalizedXMat, rows:
sampleCount, columns: featureCount)
    gradientDescent(xMatFlattened: designMatrix, yVec: normalizedYVec, α:
learningRate, maxSteps: maxSteps)
} else {
    gradientDescent(xMatFlattened: flattenedXMat, yVec: yVec, α:
learningRate, maxSteps: maxSteps)
}
}
```

2. 线性代数运算

现在来分析如何执行线性代数运算：

```
// 添加两个向量，等效于zip(a,b).map(+)
func vecAdd(_ a: [Double], _ b: [Double]) -> [Double] {
    let count = a.count
    assert(count == b.count, "Vectors must be of equal length.")
    var c = [Double](repeating: 0.0, count: count)
    vDSP_vaddD(a, 1, b, 1, &c, 1, vDSP_Length(count))
    return c
}
```

```
// 从向量a中减去向量b，等效于 zip(a, b).map(-)
func vecSubtract(_ a: [Double], _ b: [Double]) -> [Double] {
```

```
    let count = a.count
    assert(count == b.count, "Vectors must be of equal length.")
    var c = [Double](repeating: 0.0, count: count)
    vDSP_vsubD(b, 1, a, 1, &c, 1, vDSP_Length(count))
    return c
}

// 两个向量按元素相乘，等效于 zip(a, b).map(*)
func vecMultiply(_ a: [Double], _ b: [Double]) -> [Double] {
    let count = a.count
    assert(count == b.count, "Vectors must be of equal length.")
    var c = [Double](repeating: 0.0, count: count)
    vDSP_vmulD(a, 1, b, 1, &c, 1, vDSP_Length(count))
    return c
}

// 按元素向量a除以向量b，等效于 zip(a, b).map(/)
func vecDivide(_ a: [Double], _ b: [Double]) -> [Double] {
    let count = a.count
    assert(count == b.count, "Vectors must be of equal length.")
    var c = [Double](repeating: 0.0, count: count)
    // 注意，参数a和b交换了
    vDSP_vdivD(b, 1, a, 1, &c, 1, vDSP_Length(count))
    return c
}

func vecNormalize(vec: [Double]) -> (normalizedVec: [Double], mean: Double,
std: Double) {
    let count = vec.count
    var mean = 0.0
    var std = 0.0
    var normalizedVec = [Double](repeating: 0.0, count: count)
    vDSP_normalizeD(vec, 1, &normalizedVec, 1, &mean, &std,
vDSP_Length(count))
    return (normalizedVec, mean, std)
}
// C←αAB + βC
// 按行优先顺序传递扁平矩阵
// rowsAC, colsBC, colsA_rowsB - 转置后的行数/列数
func gemm(aMat: [Double], bMat: [Double], cMat: [Double]? = nil,
        rowsAC: Int, colsBC: Int, colsA_rowsB: Int,
        transposeA: Bool = false, transposeB: Bool = false,
        α: Double = 1, β: Double = 0) -> [Double] {
    var result = cMat ?? [Double](repeating: 0.0, count: rowsAC*colsBC)
    // C←αAB + βC
    cblas_dgemm(CblasRowMajor, // 指定行优先(C)或列
优先(Fortran)进行数据排序
        transposeA ? CblasTrans : CblasNoTrans, // 指定是否转置矩阵A
        transposeB ? CblasTrans : CblasNoTrans, // 指定是否转置矩阵B
```

```
            Int32(rowsAC), // Number of rows in matrices A and C.
            Int32(colsBC), // Number of columns in matrices B and C.
            Int32(colsA_rowsB), // Number of columns in matrix A; number of
rows in matrix B.
            α, // α.
            aMat, // 矩阵 A.
            transposeA ? Int32(rowsAC) : Int32(colsA_rowsB), // 矩阵A的
```
一维大小;如果你传递一个矩阵A[m] [n],值应该是m
```
            bMat, // 矩阵 B.
            transposeB ? Int32(colsA_rowsB) : Int32(colsBC), // 矩阵B的
```
一维大小;如果你传递一个矩阵B[m] [n],值应该是m
```
            β, // β.
            &result, // 矩阵 C.
            Int32(colsBC) // 矩阵C的一维大小;如果你传递一个矩阵C[m] [n],值应该是m
        )
        return result
    }
```

6.5.2 特征标准化

特征标准化计算如下:

```
// 计算矩阵中每列的均值
func meanColumns(matrix: [Double], rows: Int, columns: Int) -> [Double] {
    assert(matrix.count == rows*columns)
    var resultVec = [Double](repeating: 0.0, count: columns)
    matrix.withUnsafeBufferPointer{ inputBuffer in
        resultVec.withUnsafeMutableBufferPointer{ outputBuffer in
            let inputPointer = inputBuffer.baseAddress!
            let outputPointer = outputBuffer.baseAddress!
            for i in 0 ..< columns {
                vDSP_meanvD(inputPointer.advanced(by: i), columns,
outputPointer.advanced(by: i), vDSP_Length(rows))
            }
        }
    }
    return resultVec
}

// 计算矩阵中每列的标准差
func stdColumns(matrix: [Double], rows: Int, columns: Int) -> [Double] {
    assert(matrix.count == rows*columns)
    let meanVec = meanColumns(matrix: matrix, rows: rows, columns: columns)
    var varianceVec = [Double](repeating: 0.0, count: columns)
    var deviationsMat = [Double](repeating: 0.0, count: rows*columns)
    // 计算每列的方差
    matrix.withUnsafeBufferPointer{ inputBuffer in
        deviationsMat.withUnsafeMutableBufferPointer{ deviationsBuffer in
            varianceVec.withUnsafeMutableBufferPointer{ outputBuffer in
                for i in 0 ..< columns {
                    let inputPointer =
```

```
inputBuffer.baseAddress!.advanced(by: i)
                    let devPointer =
deviationsBuffer.baseAddress!.advanced(by: i)
                    let outputPointer =
outputBuffer.baseAddress!.advanced(by: i)
                    var mean = -meanVec[i]
                    // 每列元素值与均值的偏差
                    vDSP_vsaddD(inputPointer, columns, &mean, devPointer,
columns, vDSP_Length(rows))
                    // 偏差平方
                    vDSP_vsqD(devPointer, columns, devPointer, columns,
vDSP_Length(rows))
                    // 每列元素之和。注意，应反向传递参数

                    vDSP_sveD(devPointer, columns, outputPointer,
vDSP_Length(rows))
                }
            }
        }
    }
    // 校正为-1
    var devideBy = Double(rows) - 1
    vDSP_vsdivD(varianceVec, 1, &devideBy, &varianceVec, 1,
vDSP_Length(columns))
    // 计算标准差
    var length = Int32(columns)
    var stdVec = varianceVec
    vvsqrt(&stdVec, &varianceVec, &length)
    return stdVec
}
// (x-μ)/σ
func matNormalize(matrix: [Double], rows: Int, columns: Int) ->
(normalizedMat: [Double], meanVec: [Double], stdVec: [Double]) {
    var meanVec = meanColumns(matrix: matrix, rows: rows, columns: columns)
    var stdVec = stdColumns(matrix: matrix, rows: rows, columns: columns)
    var result = [Double](repeating: 0.0, count: rows*columns)
    matrix.withUnsafeBufferPointer{ inputBuffer in
        result.withUnsafeMutableBufferPointer{ resultBuffer in
            for i in 0 ..< columns {
                let inputPointer = inputBuffer.baseAddress!.advanced(by: i)
                let resultPointer = resultBuffer.baseAddress!.advanced(by:
i)
                var mean = -meanVec[i]
                var std = stdVec[i]
                // 减去标准差
                vDSP_vsaddD(inputPointer, columns, &mean, resultPointer,
columns, vDSP_Length(rows))
                // 除以均值
```

```
                vDSP_vsdivD(resultPointer, columns, &std, resultPointer,
        columns, vDSP_Length(rows))
                }
            }
        }
        return (result, meanVec, stdVec)
}
```

1. 多元线性回归的正则方程

如果要在实际代码中实现回归，不要直接执行矩阵求逆运算。原因是这样的计算效率很低。相反，可以利用一种本质上与查找回归系数基本相同的函数来求解线性方程组。LAPA-CK 软件包（Accelerate 框架的一部分）中非常适用于上述目的的是 QR 分解函数。

6.5.3　理解并改善线性回归的局限性

在建立预测模型之前，应进行探索性分析。这将有助于通过识别特征和样本之间的关系和影响来选择正确的模型。线性回归有很多前提条件和隐式假设条件。要获得准确的结果，需要确保满足所有这些条件且所有假设都正确。

- 线性回归假定所有特征都是数值变量。如果有分类特征，则不能使用线性回归。在此需要注意的是一些分类变量也通常用数字表示。例如，食品添加剂的国家代码或 Enumber（在欧盟所有食品标签上都可以找到，例如 E260 代表醋酸）。也就是说，线性回归只能应用于数值（数量），而不能应用于类别、有序列表、比例或数字代码。参见图 6.4。

- 线性回归模型的线性关系；这意味着特征应与标签线性相关。创建一个散点图，以确保所有数据都可通过一条直线进行建模。对此，本人最喜欢的是 https：//xkcd.com/1725/ 中 Randall Munroe 的著名论述：

"当从散点图中预测数据关联性要比画星座图更难的时候，我不会相信线性回归得到的结果。"

- 线性回归对异常值很敏感（见图 6.5）。换句话说，这是一种不稳定的算法——针对有噪声数据，结果不佳。需要多少异常值才能完全破坏模型呢？一个异常值就足以。如果存在异常值，应通过构建两个回归模型来验证异常值对模型的影响：一个是具有异常值的模型，另一个是无异常值的模型。现有一些专门针对噪声数据而开发的回归算法，如稳健回归、RANSAC 及其改进。

- 线性回归对误差也有一定要求。误差应是独立、同方差，且在回归线上正态分布（见图 6.6）。同方差性是指在整个数据集中误差方差保持不变。

影响线性回归的因素有三种：多重共线性（特征之间的相关性）、自相关（样本之间的相关性）、异方差（误差方差变化）。解决方法是进行正则化，通过逐步回归、正向选择和反向消除来选择最重要的特征。

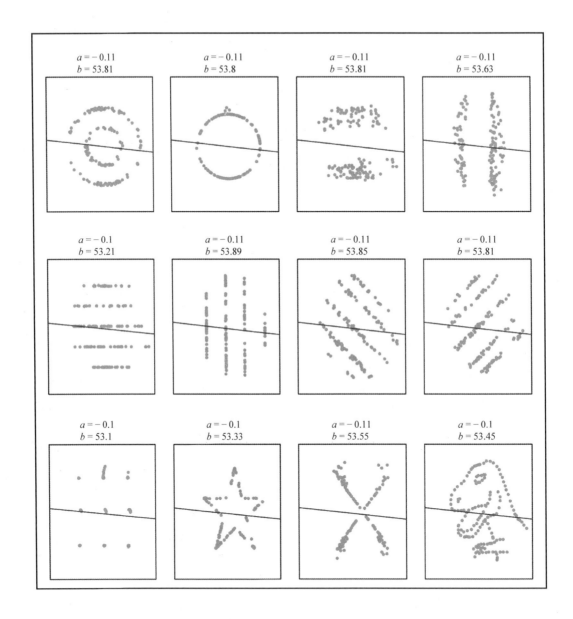

图 6.4　Datasaurus 的 12 组图[1]表明完全不同的数据集都具有非常相似的
描述性统计。注意，线性回归参数（a 和 b）在这些数据集中的变化很小。
对于非线性数据，线性回归并非一种好的模型

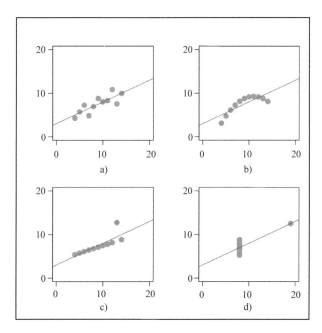

图 6.5　Anscombe 的四组图[2]通常用于证实线性回归的局限性。图 a 给出了可通过线性回归建模的数据集；图 b 体现了数据中的非线性。图 c 和图 d 表明了算法的不稳定性：一个异常值就足以完全破坏模型

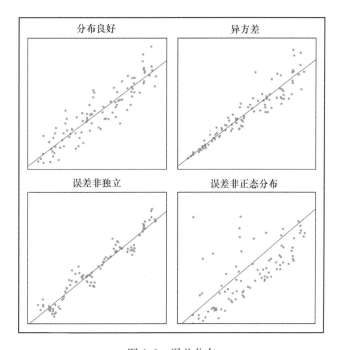

图 6.6　误差分布

6.6　利用正则化解决线性回归问题

正如上节所述，一个异常值就足以破坏最小二乘回归模型。这种不稳定性是过拟合问题的一种体现。防止模型过拟合的方法通常称为**正则化**技术。通常是通过在模型上施加附加约束来实现正则化。这可以是损失函数中的附加项、添加的噪声或其他项。在第 3 章中已实现了这样一种技术。DTW 算法中的局部约束 w 本质上就是一种正则化结果的方法。在线性回归情况下，正则化是对权重向量值施加约束。

6.6.1　岭回归和 Tikhonov 正则化

在标准最小二乘法下，获得的回归系数可能会变化很大。在此可将最小二乘回归表示为一个优化问题：

$$w^* = \underset{w}{\mathrm{argmin}}(y - Xw)^{\mathrm{T}}(y - Xw)$$

上式表示的只是一个标量积形式的 RSS。Tikhonov 正则化最小二乘回归模型中增加了一个额外惩罚项——权重向量的 L_2 平方范数：

$$w^* = \underset{w}{\mathrm{argmin}}(y - Xw)^{\mathrm{T}}(y - Xw) + \lambda w^{\mathrm{T}}w$$
$$= \underset{w}{\mathrm{argmin}}\|y - Xw\|_2^2 + \lambda\|w\|_2^2$$

式中，L_2 范数 $\|w\|_2 = \sqrt{\sum_i w_i^2} \Rightarrow \|w\|_2^2 = \sum_i w_i^2 = w^{\mathrm{T}}w$ 和 λ 是标量收缩参数。允许控制权重变化并使之保持较小。与其他超参数类似，通常需要利用保留数据或交叉验证来单独定义 λ。λ 越大，则回归系数（权重）越小。

这类优化问题具有一个类似于正规方程的封闭解：

$$\hat{w} = (X^{\mathrm{T}}X + \lambda I)^{-1}X^{\mathrm{T}}y$$

式中，I 为单位矩阵，其中主对角线上的元素等于 1，所有其他元素等于 0。

以这种方式进行正则化的线性回归称为岭回归。其优点在于，即使训练数据中的特征高度相关（多重共线性），也可以进行回归。但与常规线性回归不同，岭回归无须假设误差服从正态分布。尽管该方法可减小特征绝对值，但不会达到零，这意味着如果存在不相关特征，岭回归的效果也会很差。

1. LASSO 回归

为解决具有不相关特征的问题，可将惩罚项中的 L_2 范数替换为 L_1 范数，且不对回归系数的平方进行惩罚，而是惩罚其绝对值，即

$$w^* = \underset{w}{\mathrm{argmin}}\|y - Xw\|_2^2 + \lambda\|w\|_1$$

式中，L_1 范数为 $\|w\|_1 = \sum_i |w_i|$。这就是所谓的最小绝对收缩和选择算子（LASSO）回归。在这种惩罚方式下，某些权重系数可精确为零，可将其视为一种特征选择。如果数据集中具有多个高度相关的特征，则 LASSO 会选择其中一个特征，并将所有其他特征设为零。但这

也意味着 LASSO 往往会产生稀疏权重向量。

这种类型的回归也无须假设误差服从正态分布。

6.6.2　弹性网回归

弹性网回归是岭回归方法和 LASSO 回归方法相结合：在常规最小二乘损失函数中添加上述两个惩罚项，从而可得到弹性网回归。该回归模型也具有两个收缩参数：

$$w^* = \underset{w}{\mathrm{argmin}} \|y - Xw\|_2^2 + \lambda_2 \|w\|_2^2 + \lambda_1 \|w\|_1$$

当具有多个相关特征时，这特别有效。若两个特征相关，LASSO 倾向于随机选择其中一个特征，而弹性网模型则同时保留这两个特征。类似于岭回归，弹性网模型在大多情况下更加稳定。参见图 6.7。

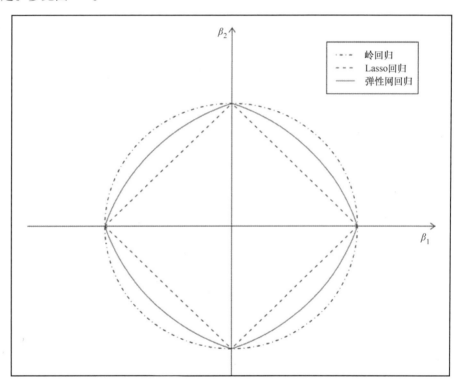

图 6.7　模型参数空间中的惩罚项

许多机器学习软件包中都提供了正则化的线性回归模型，其中包括集成了 Core ML 的 scikit-learn 和用于在设备上进行模型训练的 AIToolbox。

6.7　小结

本章探讨了线性回归和梯度下降。线性回归是一个简单的参数模型。需要对数据形状和误差分布进行一定假设。另外，还了解了 Accelerate 框架，这是苹果公司提供的一个用于数值计算的功能强大的硬件加速框架。

在下一章中，我们将继续在线性回归的基础上构建不同的、更复杂的模型：多项式回归、正则回归和逻辑回归。

参 考 文 献

1. Justin Matejka, George Fitzmaurice (2017), *Same Stats, Different Graphs: Generating Datasets with Varied Appearance and Identical Statistics through Simulated Annealing*, CHI 2017 Conference Proceedings: ACM SIGCHI Conference on Human Factors in Computing Systems
2. F. J. Anscombe, *Graphs in Statistical Analysis*, The American Statistician, V-27 (1): 17-21 (1973), JSTOR 2682899

第7章

线性分类器和逻辑回归

在上一章中，我们在工具箱中添加了一些用于回归任务的常用的监督学习算法。在线性回归的基础上，本章将继续构建两种分类算法：线性分类器和逻辑回归。这两种算法都以熟悉的特征向量作为输入，类似于多元线性回归。不同之处在于各自的输出。线性分类器的输出结果为真或假（二元分类），而逻辑回归将给出某一事件的发生概率。

本章讨论的主要内容有：

- 偏差和方差。
- 线性分类器。
- 逻辑回归。

7.1 回顾分类任务

在前面的章节中，已应用并实现了一些分类算法：决策树学习、随机森林和 KNN 都非常适用于这类任务。但是，正如 Boromir 曾经说过的那样："如果不了解逻辑回归，那么就很难真正掌握神经网络"。因此，需要注意的是，分类与回归几乎相同，只是响应变量 y 不是连续值（浮点型），而是从一组离散值中取值（枚举型）。本章主要讨论二元分类，其中 y 可以为真或假、1 或 0，或属于肯定类或否定类。

不过，仔细想一想，如果通过将多个二元分类器依次链接，那么构建一个多元分类器似乎并不是很困难。在分类域中，响应变量 y 通常称为**标签**。

7.1.1 线性分类器

线性回归可直接应用于二元分类：只需将大于某一阈值的所有回归输出预测为一个肯定类，而将小于该阈值的所有输出预测为一个否定类。例如，在图 7.1 中，阈值为 0.5。只要 $x < 0.5$，就归类为否定类；$x > 0.5$，则归类为肯定类。区分一类特征值与另一类特征值的线称为决策边界。若是多个特征，则决策边界不再是一条直线而是一个超平面。

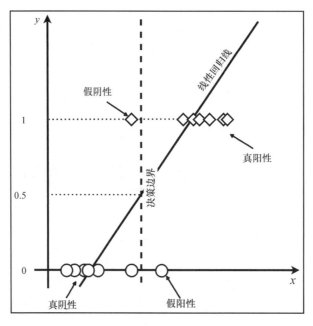

图 7.1　线性分类器

7.1.2　逻辑回归

　　线性分类器可能会遇到许多问题。其中的一个问题是许多数据集无法用直线正确分割，见图 7.2。

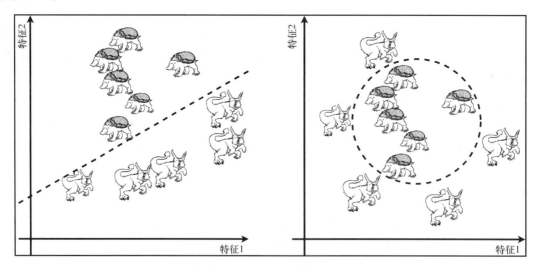

图 7.2　线性可分数据（左图）和非线性可分数据（右图）。决策边界如虚线所示

（图片来源：MykolaSosnovshchenko）

另一个问题是，即使已经确定 y 应为 0 或 1，但线性回归线仍预测某些样本为负值或大于 1 的值。为解决这一问题，需要一种输入取值范围为 $\left[-\infty , +\infty\right]$ 而输出范围是 0 ~ 1 的函数。这样的一个函数就是逻辑函数。相应的表达式和图形（见图 7.3）表示如下：

$$f(x) = \frac{1}{1 - e^{-x}}$$

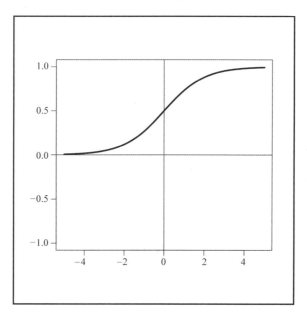

图 7.3　逻辑函数

已知在线性回归中，是将假设函数定义为线性变换（向量点积）

$$h_w(x) = w^{\mathrm{T}}x$$

在逻辑回归中，是增加了一种非线性逻辑变换，如下所示：

$$h_w(x) = f(w^{\mathrm{T}}x) = \frac{1}{1 - e^{-w^{\mathrm{T}}x}}$$

逻辑回归用于估计某一事件发生或未发生的概率。换句话说，这是一种二元分类算法，输出样本属于一类或另一类的概率。逻辑回归输出的典型示例如下：是垃圾邮件的概率为 0.95，而不是垃圾邮件的概率为 0.05。

逻辑回归的输出总是在（0, 1）范围内。尽管该算法是用于分类，但仍称为回归算法，这是因为算法的输出结果为一个连续值；但是，这是一种最接近离散输出的微分函数。为什么希望是一个微分函数呢？因为想要利用梯度下降来学习参数向量 $\boldsymbol{w}$。

7.2　Swift 中的逻辑回归实现

逻辑回归的实现与多元线性回归的最主要区别如下：

- 只需对特征矩阵 x 进行归一化，而无需对目标向量 y 归一化，因为输出的取值范围是 $(0, 1)$。
  - 假设函数不同。
  - 成本函数虽然有所不同，但成本梯度相同。

同样，也需要一些加速函数：

```
import Accelerate
```

逻辑回归的类定义类似于多元线性回归：

```
public class LogisticRegression {
public var weights: [Double]!

public init(normalization: Bool) {
    self.normalization = normalization
}

private(set) var normalization: Bool
private(set) var xMeanVec = [Double]()
private(set) var xStdVec = [Double]()
```

7.2.1　逻辑回归中的预测部分

以下是针对单样本输入和输入矩阵两种假设条件的实现代码：

```
public func predict(xVec: [Double]) -> Double {
    if normalization {
        let input = xVec
        let differenceVec = vecSubtract(input, xMeanVec)
        let normalizedInputVec = vecDivide(differenceVec, xStdVec)
        let h = hypothesis(xVec: [1.0]+normalizedInputVec)
        return h
    } else {
        return hypothesis(xVec: [1.0]+xVec)
    }
}

private func hypothesis(xVec: [Double]) -> Double {
    var result = 0.0
    vDSP_dotprD(xVec, 1, weights, 1, &result, vDSP_Length(xVec.count))
    return 1.0 / (1.0 + exp(-result))
}

public func predict(xMat: [[Double]]) -> [Double] {
    let rows = xMat.count
    precondition(rows > 0)
    let columns = xMat.first!.count
    precondition(columns > 0)
    if normalization {
        let flattenedNormalizedX = xMat.map{
            return vecDivide(vecSubtract($0, xMeanVec), xStdVec)
            }.reduce([], +)
        // 在矩阵前面添加一列
```

```
            let basisExpanded = prependColumnOfOnes(matrix:
flattenedNormalizedX, rows: rows, columns: columns)
            let hVec = hypothesis(xMatFlattened: basisExpanded)
            return hVec
        } else {
            // 按列转换为行向量
            let flattened = xMat.map{[1.0]+$0}.reduce([], +)
            return hypothesis(xMatFlattened: flattened)
        }
}

private func hypothesis(xMatFlattened: [Double]) -> [Double] {
    let matCount = xMatFlattened.count
    let featureCount = weights.count
    precondition(matCount > 0)
    let sampleCount = matCount/featureCount
    precondition(sampleCount*featureCount == matCount)
    let labelSize = 1
    var result = gemm(aMat: xMatFlattened, bMat: weights, rowsAC:
sampleCount, colsBC: labelSize, colsA_rowsB: featureCount)
    // -h
    vDSP_vnegD(result, 1, &result, 1, vDSP_Length(sampleCount))
    // exp(-h)
    // 双精度指数的vForce函数
    var outputLength = Int32(sampleCount)
    vvexp(&result, result, &outputLength)
    // 1.0 + exp(-h)
    var one = 1.0
    vDSP_vsaddD(result, 1, &one, &result, 1, vDSP_Length(sampleCount))
    // 1.0 / (1.0 + exp(-h))
    vDSP_svdivD(&one, result, 1, &result, 1, vDSP_Length(sampleCount))
    return result
}
```

7.2.2 训练逻辑回归

训练部分也非常类似于线性回归：
```
public func train(xMat: [[Double]], yVec: [Double], learningRate: Double,
maxSteps: Int) {
  precondition(maxSteps > 0, "The number of learning iterations should be
grater then 0.")
  let sampleCount = xMat.count
  precondition(sampleCount == yVec.count, "The number of samples in xMat
should be equal to the number of labels in yVec.")
  precondition(sampleCount > 0, "xMat should contain at least one sample.")
  precondition(xMat.first!.count > 0, "Samples should have at least one
feature.")
  let featureCount = xMat.first!.count
  let weightsCount = featureCount+1
  weights = [Double](repeating: 1.0, count: weightsCount)
  if normalization {
```

```
    // 扁平化
    let flattenedXMat = xMat.reduce([], +)
    let (normalizedXMat, xMeanVec, xStdVec) = matNormalize(matrix:
flattenedXMat, rows: sampleCount, columns: featureCount)
    // 保存预测阶段的means值和std-s值
    self.xMeanVec = xMeanVec
    self.xStdVec = xStdVec
    // 在矩阵前面添加第一列
    let designMatrix = prependColumnOfOnes(matrix: normalizedXMat, rows:
sampleCount, columns: featureCount)
    gradientDescent(xMatFlattened: designMatrix, yVec: yVec, α:
learningRate, maxSteps: maxSteps)
  } else {
    let flattenedXMat = xMat.map{[1.0]+$0}.reduce([], +)
    gradientDescent(xMatFlattened: flattenedXMat, yVec: yVec, α:
learningRate, maxSteps: maxSteps)
  }
}
```

7.2.3　成本函数

成本函数是用于评估预测质量的函数：

```
// cost(y, h) = -sum(y.*log(h)+(1-y).*log(1-h))/m
public func cost(trueVec: [Double], predictedVec: [Double]) -> Double {
  let count = trueVec.count
  // 计算欧氏平方距离
  var result = 0.0
  var left = [Double](repeating: 0.0, count: count)
  var right = [Double](repeating: 0.0, count: count)
  // log(h)
  var outputLength = Int32(count)
  vvlog(&left, predictedVec, &outputLength)
  // -y.*log(h)
  left = vecMultiply(trueVec, left)
  // 1-y
  var minusOne = -1.0
  var oneMinusTrueVec = [Double](repeating: 0.0, count: count)
  vDSP_vsaddD(trueVec, 1, &minusOne, &oneMinusTrueVec, 1,
vDSP_Length(count))
  vDSP_vnegD(oneMinusTrueVec, 1, &oneMinusTrueVec, 1, vDSP_Length(count))
  // 1-h
  var oneMinusPredictedVec = [Double](repeating: 0.0, count: count)
  vDSP_vsaddD(predictedVec, 1, &minusOne, &oneMinusPredictedVec, 1,
vDSP_Length(count))
  vDSP_vnegD(oneMinusPredictedVec, 1, &oneMinusPredictedVec, 1,
vDSP_Length(count))
  // log(1-h)
  vvlog(&right, oneMinusPredictedVec, &outputLength)
```

```
  // (1-y).*log(1-h)
  right = vecMultiply(oneMinusTrueVec, right)
  // left+right
  let sum = vecAdd(left, right)
  // sum()
  vDSP_sveD(sum, 1, &result, vDSP_Length(count))
  // 按向量长度归一化
  result/=(Double(count))
  return -result
}
```

成本函数的导数用于调节权重以最小化成本函数：

```
// x'*sum(h-y)
private func costGradient(trueVec: [Double], predictedVec: [Double],
xMatFlattened: [Double]) -> [Double] {
  let matCount = xMatFlattened.count
  let featureCount = weights.count
  precondition(matCount > 0)
  precondition(Double(matCount).truncatingRemainder(dividingBy:
Double(featureCount)) == 0)
  let sampleCount = trueVec.count
  precondition(sampleCount > 0)
  precondition(sampleCount*featureCount == matCount)
  let labelSize = 1
  let diffVec = vecSubtract(predictedVec, trueVec)
  // 按向量长度归一化
  let scaleBy = 1/Double(sampleCount)
  let result = gemm(aMat: xMatFlattened, bMat: diffVec, rowsAC:
featureCount, colsBC: labelSize, colsA_rowsB: sampleCount, transposeA:
true, α: scaleBy)
  return result
}
```

```
// α是学习率
private func gradientDescentStep(xMatFlattened: [Double], yVec: [Double],
α: Double) -> [Double] {
  // 计算假设预测
  let hVec = hypothesis(xMatFlattened: xMatFlattened)
  // 计算参数梯度
  let gradient = costGradient(trueVec: yVec, predictedVec: hVec,
xMatFlattened: xMatFlattened)
  let featureCount = gradient.count
  // newWeights = weights - α*gradient
  var alpha = α
  var scaledGradient = [Double](repeating: 0.0, count: featureCount)
  vDSP_vsmulD(gradient, 1, &alpha, &scaledGradient, 1,
vDSP_Length(featureCount))
  let newWeights = vecSubtract(weights, scaledGradient)
  return newWeights
}
```

```
private func gradientDescent(xMatFlattened: [Double], yVec: [Double], α:
Double, maxSteps: Int) {
  for _ in 0 ..< maxSteps {
```

```
    let newWeights = gradientDescentStep(xMatFlattened: xMatFlattened,
yVec: yVec, α: α)
    if newWeights==weights {
      print("convergence")
      break
    } // 收敛
    weights = newWeights
  }
}
```

7.3　预测用户意图

　　问题描述：苹果公司的默认 Clock 应用程序，如果从应用程序切换菜单（从屏幕底部向上滑动时所显示的菜单）打开，则始终显示 Timer 选项卡。本人每天使用该应用程序的一个主要原因是设置闹钟，而这在另一个选项卡中。通过已知是一周中的哪一天和一天中的哪个时刻，在需要时自动正确开启"闹钟"选项卡，而在其他情况下使用默认选项卡，从而让该应用程序更智能（而且不那么烦人）。为此，需要收集在不同日子通常所设置闹钟时间的历史记录。

　　接下来，更精确地描述任务。

- 输入数据：用户打开应用程序的日期、小时和分钟。
- 预期输出：用户希望设置闹钟的概率。

　　上述任务是一个二元分类任务，因此逻辑回归是解决该问题的一个理想选择。

7.3.1　处理日期

　　将日期和时间转换为数值特征的一种简单方法是将其设置为整数。例如，可将星期几（假设星期日是第一天）编码为 0 ~ 6 的数字，将小时编码为 0 ~ 23 的整数：

```
Monday, 11:45 pm, alarm tab → [1, 23, 45, 1]
Thursday, 1:15 am, alarm tab → [4, 1, 15, 1]
Saturday, 10:55 am, timer tab → [6, 10, 55, 0]
Tuesday, 5:30 pm, timer tab → [2, 17, 30, 0]
```

　　图 7.4 解释了为什么这不是一个好的编码方法。样本 11：45pm 和 1：15am 彼此太接近，但如果是以上述简单方式进行编码，对于模型而言这并不明显。为此，可以通过将星期几（d）结合小时（h）和分钟（m）一起投影在圆上来解决该问题：

参数	公式
dow_sin	$\sin = \left(2\pi\dfrac{d}{7}\right)$
dow_cos	$\cos = \left(2\pi\dfrac{d}{7}\right)$
time_sin	$\cos\left(2\pi\dfrac{60h+m}{60\times24}\right)$
time_cos	$\sin\left(2\pi\dfrac{60h+h}{60\times24}\right)$

　　转换结果如图 7.4 所示。

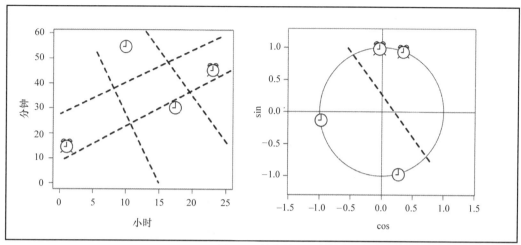

图 7.4　转换结果

转换后，数据集中的每个样本将具有四个新特征：

dow_sin	dow_cos	time_sin	time_cos	标签
0.781831482	0.623489802	− 0.065403129	0.997858	alert
− 0.433883739	− 0.900968868	0.321439465	0.946930129	alert
− 0.781831482	0.623489802	0.279829014	− 0.960049854	timer
0.974927912	− 0.222520934	− 0.991444861	− 0.130526192	timer

现在，这些数据点就可通过线性分类器或逻辑回归成功分割了。

7.4　针对具体问题选择回归模型

到目前为止，你可能会对各种模型、正则化和预处理技术感到不知所措。不用担心，现有一种模型选择的简单方法：

1）如果标签是连续值，则选择线性回归。

2）如果标签是二元值，则选择逻辑回归。

3）如果是高维和多重共线性情况，则选择正则化方法（lasso 回归、岭回归和弹性网回归）。

7.5　偏差－方差权衡

机器学习中的误差可分解为两部分：偏差和方差。通常用射击隐喻来解释两者的区别，如图 7.5 所示。如果在 10 个不同数据集上训练一个大方差模型，结果会有很大不同。如果在 10 个不同数据集上训练一个大偏差模型，而结果非常相似。换句话说，大偏差模型倾向于欠拟合，而大方差模型倾向于过拟合。通常，模型参数越多，则越容易过拟合，但模型类别之间也存在差异：线性回归和逻辑回归等参数模型往往存在偏差，而 KNN 等非参数模型通常具有较大的方差。

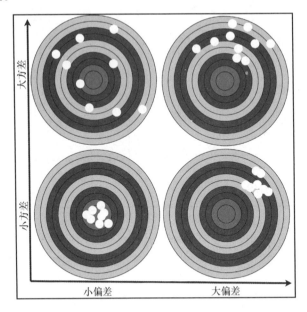

图 7.5　误差的两个要素：偏差和方差

7.6　小结

本章讨论了如何将线性回归转化为分类算法。另外还实现了一种重要的分类算法——逻辑回归。

掌握本章内容非常重要，在此基础上，我们将在下一章中实现第一个神经网络。

第8章

神经网络

就在十年前，人工神经网络（NN）仍被大多数研究人员认为是计算机科学中一个没有发展前途的分支。但随着计算能力的突飞猛进，以及后提出的在 GPU 上训练神经网络的各种有效算法，情况发生了翻天覆地的变化。这一领域的最新发现取得了前所未有的成果，如跟踪视频中的物体；合成逼真的语音、图画和音乐；从一种语言到另一种语言的自动翻译；以及提取文本、图像和视频中的含义。神经网络又重塑为深度学习，在计算机视觉和自然语言处理方面刷新了各项记录，在过去几年中击败了几乎所有其他机器学习方法。深度神经网络引发了新一轮的机器学习热潮，激发了关于即将到来的人工通用智能的讨论和预测。

现在已有许多种很难——概述的神经网络类型：卷积型、递归型、循环型、自编码型、生成对抗型、二进制型、带记忆型、带注意力机制型等。几乎每周都在产生新的体系架构和应用，这要感谢全世界越来越多的热衷于神经网络的研究人员，将神经网络应用到各种各样的任务中。

以下是神经网络得到成功应用的部分列表：

- 为黑白照片着色。
- 绘制新的口袋妖怪。
- 撰写广告脚本。
- 癌细胞诊断。

鉴于在深度学习方面的巨大突破，现已逐渐可以宣称（尽管尚未完全实现）计算机可以幻想、做梦和产生幻觉。如今，研究人员正在研究可以自行设计和训练其他神经网络、编写计算机程序、帮助理解细胞内部活动过程、破译失传文字和海豚语言的神经网络。从这一章开始，我们将逐步介绍深度学习。

本章的主要内容包括：

- 什么是神经网络、神经元、层和激活函数？
- 现有哪些类型的激活函数？
- 如何训练神经网络：反向传播、随机梯度下降。
- 什么是深度学习？
- 哪种深度学习框架最适用于 iOS 应用程序？

- 实现一个多层感知器以及如何进行训练。

8.1　究竟什么是人工神经网络

　　称为人工神经网络的模型组是通用逼近器，也就是说，是可以模拟任何感兴趣函数性能的函数。这里所指的函数是一个更具数学意义的函数，而不是计算机科学中以实值向量为输入，返回实值输出向量的函数。这种定义适用于本章将要讨论的前馈神经网络。在接下来的章节中，将会学习将一个输入张量（多维数组）映射到一个输出张量的网络，以及以输出作为输入的网络。

　　可以将神经网络看作是一个图，而神经元是这个有向无环图中的节点。每个节点都接收一些输入并产生一些输出。现代神经网络只是受到生物大脑的一些启发。如果想要了解更多关于生物原型及其与神经网络的关系，请参见与生物类比一节。

8.2　构建神经元

　　考虑到一个生物神经元具有惊人的复杂结构（见图 8.1），那么如何在程序中建立神经

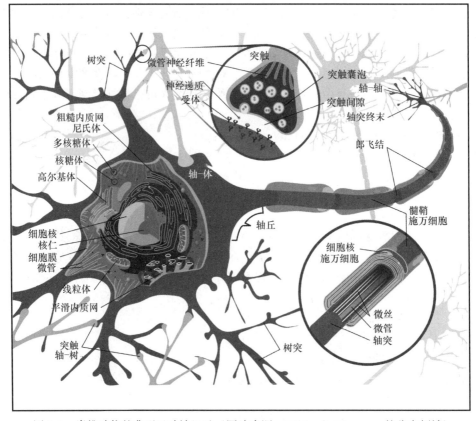

图 8.1　脊椎动物的典型运动神经元（图片来源：Wikimedia Commons 的公有领域）

元模型呢？事实上，大部分的复杂性都是存在于硬件层面上的。在此，可以通过抽象，将神经元看作是图中的一个节点，该节点接收一个或多个输入并产生一些输出（有时称为激活）。

等等，这不是和函数很相似吗？是的，人工神经元实际上就是一个数学函数。

最常用的神经元建模方法是以非线性函数 f 对输入加权求和，即

$$y = f(\boldsymbol{w}^{\mathrm{T}}\boldsymbol{x} + b)$$

式中，$\boldsymbol{w}$ 是一个权重向量；$\boldsymbol{x}$ 是一个输入向量；b 是偏差项。y 是神经元的标量输出。

一个典型的人工神经元是按以下三个步骤处理输入的，如图 8.2 所示。

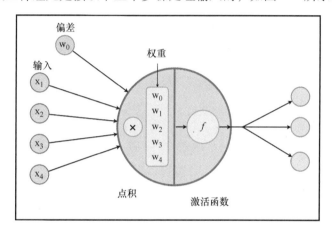

图 8.2　人工神经元示意图

1）取输入加权和。每个神经元都有一个与输入个数长度相同的权重向量。有时，在引入一个偏差项（总是等于 1）的权重。输入的加权和是输入向量与权重向量的点积。

2）通过一个非线性函数（即激活函数、传递函数）来传递结果。

3）将计算结果传给下一个神经元。

第一步是非常熟悉的线性回归。如果激活函数是一个阶跃函数，那么单个神经元在数学上就相当于一个二元线性分类器。如果换作逻辑函数，那么得到的就是一个逻辑回归。只不过在这里将其称为神经元，并将这些神经元集成为一个网络。

当一个神经元的输入权重调节到使得整个神经元能够产生较好的输出结果时，这就是神经元的学习过程。同样，线性回归也是如此。为了训练神经网络，通常采用反向传播算法，这是建立在梯度下降的基础之上的。

8.2.1　非线性函数

激活函数可将神经元的加权输入映射成一个实数值作为神经元的输出。神经网络的许多特性都取决于激活函数的选择，包括泛化能力和训练过程的收敛速度。通常，希望激活函数是可微的，这样就可以通过梯度下降来优化整个网络。最常用的激活函数是非线性函数：分段线性函数或 S 型函数（见表 8.1）。非线性激活函数可允许神经网络在许多关键任务中仅

使用少量神经元就优于其他算法。如果是非常简单的分类，激活函数可分为两类：类阶梯函数和类修正函数（见图 8.3）。接下来，通过一些示例来详细分析，见表 8.1。

表 8.1 常用激活函数

函数名	公式	求导
阶跃函数	$f(x) = \begin{cases} 0, & \wedge\ x < 0 \\ 1, & \wedge\ x \geqslant 0 \end{cases}$	$f'(x) = \begin{cases} 0, & \wedge\ x \neq 0 \\ ?, & \wedge\ x = 0 \end{cases}$
逻辑函数	$f(x) = \dfrac{1}{1 + e^{-x}}$	$f'(x) = f(x)(1 - f(x))$
双曲正切函数	$f(x) = \dfrac{2}{1 + e^{-2x}} - 1$	$f'(x) = 1 - f(x)^2$
ReLU	$f(x) = \begin{cases} 0, & \wedge\ x < 0 \\ x, & \wedge\ x \geqslant 0 \end{cases}$	$f'(x) = \begin{cases} 0, & \wedge\ x < 0 \\ 1, & \wedge\ x \geqslant 0 \end{cases}$
带泄露的 ReLU	$f(x) = \begin{cases} ax, & \wedge\ x < 0 \\ x, & \wedge\ x \geqslant 0 \end{cases}$	$f'(x) = \begin{cases} a, & \wedge\ x < 0 \\ 1, & \wedge\ x \geqslant 0 \end{cases}$
Softplus	$f(x) = \ln(1 + e^x)$	$f'(x) = \dfrac{1}{1 + e^{-x}}$
Maxout	$f(x) = \min_i x_i$	$\dfrac{\partial f}{\partial x_j} = \begin{cases} 1, & \wedge\ j = \operatorname*{argmax}_i x_i \\ 0, & \wedge\ j \neq \operatorname*{argmax}_i x_i \end{cases}$

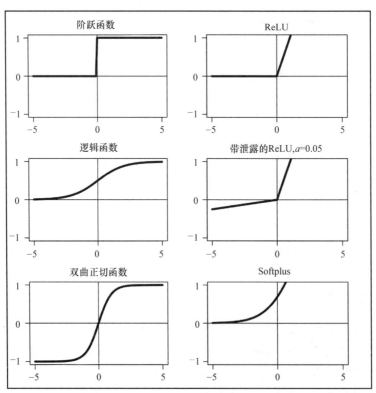

图 8.3 常用激活函数图：左列是类阶梯函数，右列是类修正函数

1. 类阶跃激活函数

heaviside（赫维赛德）阶跃函数（也称为单位阶跃函数或阈值函数）对于小于零的所有值输出 0，而对于其他值输出 1。这是模拟生物神经元的自然选择，即产生生物电脉冲 1，或保持沉默 0。但遗憾的是，由于函数在 0 点处的不连续性而不可微，由此导致无法采用梯度下降算法来训练这种网络。该网络中的每个神经元都是一个数学上等效的二元线性分类器，因此这种网络不能有效地处理非线性任务。

逻辑（sigmoid）函数是阶跃函数的连续逼近。该函数是将输入从范围（−∞，+∞）压缩到（0，1）区间。由此可允许采用梯度下降算法来训练神经网络，但也存在两个问题：

● 由于 sigmoid 函数的形状，使得神经网络容易出现梯度消失问题，这将在后面部分解释（见 8.7.1 节）。

● sigmoid 函数的输出不是以零点为中心的。这在训练过程中对权重引入了锯齿特性，且导致网络训练通常较慢。

采用 sigmoid 激活函数，每个神经元本质上是执行逻辑回归。

双曲正切函数（tanh）是一个扩展逻辑函数，其形状与逻辑函数非常相似，只是输出范围是（−1，1）。这意味着 tanh 函数仍存在梯度消失问题，但至少其输出变为以零点为中心。

2. 类修正激活函数

修正函数是一个分段线性函数，仅出现于神经网络背景下。这类函数是专门为缓解传统类阶梯激活函数所存在的问题和局限性而设计的。修正函数是执行一个简单阈值：max$(0, x)$。采用修正函数的神经元称为修正线性单元（ReLU）。

与 sigmoid 函数不同，修正函数没有上限。这有助于神经元区分较差的预测和非常糟糕的预测，并在这种困难情况下也能相应地更新权重。另外，ReLU 的计算量也非常少：不像 sigmoid 函数那样需要指数运算，ReLU 可按阈值运算来实现。研究还表明，ReLU 网络的收敛速度是 sigmoid 网络的 6 倍，因此，ReLU 一经提出，很快在深度学习领域得到了广泛应用。

ReLU 也有自身的缺点，为此提出一些改进的 ReLU。

● 带泄露的 ReLU：对于所有值，不是取零而是小于零，这样激活函数就会返回输入的一小部分（例如，0.01）。具体大小取决于常量 α。这大概是为了防止 ReLU 下限饱和，但在实际应用中通常没有什么作用。

● 随机 ReLU：α 值在一定范围内是随机的。随机是神经网络正则化的一种常用方法，在本章后面将会介绍。

● 参数 ReLU（PReLU）：α 是一个可训练的参数，通过梯度下降进行调整。

● Softplus：这是指数 ReLU 的一种近似。该函数的导数是 sigmoid 函数。

● Maxout 单元：这是将 ReLU 与带泄露的 ReLU 组合成一个表达式。这样就可允许 maxout 单元具有 ReLU 的所有优点，即线性无饱和，且没有 ReLU 的衰减问题。不过存在的缺点的是 maxout 单元的参数个数是 ReLU 的两倍，因此其计算量较大。

8.3　构建神经网络

由单个神经元可组成一个网络（见图 8.4），通常是将多个神经元并行连接在一个层中，然后按层依次堆叠。这种网络称为前馈神经网络或多层感知器（MLP）。其中，第一层是输入层，最后一层是输出层，所有内部层都称为隐层。如果一层中的每个神经元都连接到下一层的所有神经元，则这种网络称为全连接神经网络。

传统（典型）的神经网络类型是具有某种类型激活函数（通常是 sigmoid 函数）的全连接前馈多层感知器。其主要是用于分类任务。在接下来的内容中，我们将会讨论其他类型的神经网络，但在本章，还是主要介绍 MLP。

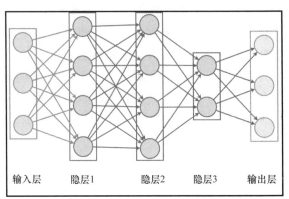

图 8.4　全连接的 5 层前馈神经网络

8.4　在 Swift 中构建一个神经网络层

全连接层之所以易于实现，是因为其可由两种运算表示（见图 8.5）：

- 权重矩阵 W 和输入向量 x 之间的矩阵乘法运算
- 按元素执行激活函数 f

$$y = f(xW + b)$$

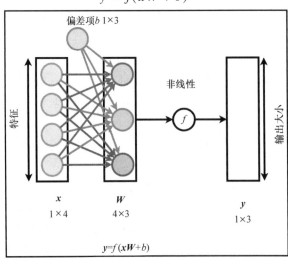

图 8.5　一层的细节图

在许多框架中，两种运算是独立操作的，以使得矩阵乘法运算是在全连接层执行，而激活操作是在下一个非线性层中。这非常方便，因为这样可以很容易地用卷积运算代替加权求和。在下一章中，我们会讨论卷积神经网络。

现在来分析神经网络是如何执行逻辑运算的。一个神经元足以模拟除了异或（XOR）之外的任何一种逻辑门。由于不能模拟异或运算，导致在 20 世纪 60 年代，人工智能进入一个发展低潮；但是，对于一个两层的神经网络模型，异或运算并不重要。

8.5 利用神经元构建逻辑函数

在 iOS 和 macOS SDK 的其他封装部分中，有一个重要的库称为 SIMD。这是直接访问向量指令和向量类型的接口，这些指令和类型是直接映射到 CPU 中的向量单元，而无须编写汇编代码。从 2.0 版本开始，可以直接引用在 Swift 代码头文件中定义的向量、矩阵类型和线性代数运算符。

万能逼近定理表明，如果给定适当权重，一个一层的简单神经网络可近似各种连续函数。因此通常也将神经网络作为万能函数逼近器。然而，该定理并未表明是否可能找到适当的权重。

要利用 SIMD 库，需要在 Swift 文件中添加 import simd，或在 C/C + +/Objective – C 文件中添加#include < simd/simd. h >。在 GPU 中也具有 SIMD 单元，因此，也可以将 SIMD 导入到 metal 着色器代码中。

根据 iOS 10.3/Xcode 8.2.1，在 Swift 版本中没有提供 C 语言的 SIMD 部分功能；如逻辑和三角运算。要查看这些功能，需创建 Objective – C 文件，#import < simd/simd. h >并单击 command 命令，单击 simd. h 来查看该头文件。

SIMD 中最好的一点是所有向量和矩阵都明确指定大小是其类型的一部分。例如，函数 float 4（）返回大小为 4 × 4 的矩阵。但这也会造成 SIMD 不够灵活，因为只有大小为 2 ~ 4 的矩阵可用。

查看 SIMD 内容，了解 SIMD 的一些应用示例：
```
let firstVector = float4(1.0, 2.0, 3.0, 4.0)
let secondVector = firstVector
let dotProduct = dot(firstVector, secondVector)
```
所得结果如 8.6 所示。

为表明 SIMD 可用于机器学习算法，我们在 SIMD 中实现一个简单的异或运算神经网络：

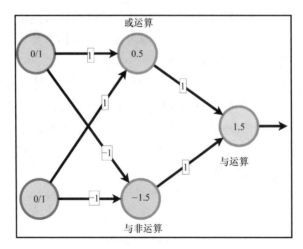

图 8.6 实现异或运算的神经网络

```swift
func xor(_ a: Bool, _ b: Bool) -> Bool {
    let input = float2(Float(a), Float(b))

    let weights1 = float2(1.0, 1.0)
    let weights2 = float2(-1.0, -1.0)
    let matrixOfWeights1 = float2x2([weights1, weights2])
    let weightedSums = input * matrixOfWeights1

    let stepLayer = float2(0.5, -1.5)
    let secondLayerOutput = step(weightedSums, edge: stepLayer)
    let weights3 = float2(1.0, 1.0)
    let outputStep: Float = 1.5
    let weightedSum3 = reduce_add(secondLayerOutput * weights3)
    let result = weightedSum3 > outputStep
    return result
}
```

SIMD 的好处是可以明确地让 CPU 一步执行点积运算，而不是通过 SIMD 指令在向量上循环执行。

8.6 在 Swift 中实现层

若要在 Swift 中实现神经网络，至少有三种选择：

• 完全在 Swift 中实现（这可能主要是出于研究目的）。在 GitHub 上提供了很多不同复杂度和功能性的实现。貌似每个程序开发人员在其职业生涯的某个阶段都会利用最擅长的编程语言来编写神经网络库。

• 利用底层加速库——Metal 性能着色器或 BNNS 来实现。

• 利用一些通用的神经网络框架（Keras、TensorFlow、PyTorch 等）来实现，并将其转换为 Core ML 格式。

Metal 性能着色器软件库包括三种类型的神经网络激活函数：ReLU、sig-moid 和 TanH（MPSCNNNeuronReLU，MPSCNNNeuronSigmoid，MPSCNNNeuron-TanH）。更多有关信息，请参见 https://developer.apple.com/documentation/metalperformanceshaders。

8.7　训练神经网络

目前最常用的神经网络训练方法是采用误差反向传播算法（简称反向传播算法）。正如之前所述，单个神经元可实现线性或逻辑回归，因此反向传播与梯度下降算法相结合也就不足为奇了。神经网络的训练过程如下：

- 前向传递。输入传递到输入层，并逐层执行转化，直到在最后一层输出预测结果。
- 损失计算。将预测值与真实值进行比较，并通过损失函数 J 计算输出层中每个神经元的误差值。
- 然后反向传播误差（反向传播过程），使得每个神经元都有一个与之关联的误差，该误差与输出贡献成比例。
- 采用一步梯度下降算法更新权重（w）。根据误差值计算每个神经元相对于权重的损失函数梯度 $\frac{\partial J}{\partial w}$。然后类似于线性回归执行常规的梯度下降步骤。

只有当前向传播中的所有变换都可微时（最简单的情况是点积和激活函数），才能实现反向传播，因为其本质上是应用了微积分的链规则。

更多内容，请参见 https://en.wikipedia.org/wiki/back propagation。

8.7.1　梯度消失问题

Sigmoid 函数是一端渐进逼近 0，而另一端逼近 1。在尾部，函数导数极小。这对反向传播算法而言不利，因为当信号通过网络反向传播来更新权重时，这些几乎为零的值会导致信号消失。

神经元死亡的问题是：如果随机初始化网络权重，则权重较大的 sigmoidal 神经元在一开始就会死亡（几乎不传递信号）。

8.7.2　与生物类比

每个人都知道人工神经网络是模拟人类大脑的工作方式。这实际上与事实相去甚远。真实的情况是神经网络是一个尝试模拟大脑工作方式而发展起来的研究领域。大脑的基本单位是神经元（神经细胞）。人脑中包含大约 860 亿个神经元。神经元可以在体内产生电位（动作电位）。另外，神经元还有两种类型的分支突出物。一种是较短的突起，称为树突。通常，树突的功能是接收来自其他神经元的电脉冲。另一种是较长的突起，称为轴突。有些神经元没有轴突，而有些神经元有多个轴突。轴突的功能是将电脉冲从神经元体传送到其他细胞。

神经元通过轴突与其他神经元体（或树突）相连，并传送电信号。但并不是所有神经元都能向其他神经元传送信号；其中一些是刺激肌肉和腺体。

轴突末端具有一种称为突触的结构，其与细胞体或树突相连。为了向下一个神经元传递信号，突触会发出一种化学物质的神经介质（很少情况下是电信号）。人脑中约有 10^{14} ～ 10^{15} 个突触。可以计算一下若要存储如此多的海量信息大概需要多大的磁盘空间。在人工大脑中，人工神经元要少得多。即使是现代神经网络中最大规模的网络也只相当于水母或蜗牛的大脑。然而，神经元或突触的数量并不是全部，因为有些动物的大脑中含有比人脑更多的神经元。如果对此感兴趣，请访问维基百科网页：https://en. wikipedia. org/wiki/List_of_animals_by_number_of_neurons。

尽管神经网络的概念是借鉴于生物学，但即使具有强大的想象力也不容易搞清楚现代人工神经网络是如何相似于一个生物原型的。这就是为何一些研究人员认为命名为其他名字或许更恰当，如计算图。在人工神经网络研究领域，曾经生物学术语一度盛行，但现在真正得到广泛使用的生物学术语只有神经元。

8.8 基本神经网络子程序

基本神经网络子程序（BNNS）是 Accelerate 框架的一个子模块，包含为在 CPU 上执行推理而优化的卷积神经网络原语。在 iOS 10 和 macOS 10. 12 中引入了 BNNS。注意，BNNS 只包含用于推理的函数，而不包含用于训练的函数。

BNNS 库的开发动机是为公用程序提供统一的 API，以使得应用程序开发人员不必每次从头开始重新实现卷积核其他原语（正如在第 9 章中所述，这种实现很难）。在典型的卷积神经网络（CNN）中，大部分能量都是消耗在卷积层上。全连接层上的计算量非常大，但通常卷积神经网络仅在最末端包含一个或多个全连接层，因此，卷积运算会消耗大约 70% 的能量。这就是为何高度优化卷积层非常重要的原因。与 MPS（Metal Performance Shaders）不同，卷积神经网络可应用于 iOS、macOS、tvOS 和 watchOS。如果想要在电视机或手表上进行深度学习（完全可以），那么卷积神经网络就是最佳选择。

更严格来说，在不支持 Metal 性能着色器的设备（旧的 iOS 设备和目前所有的 macOS 设备）上实现神经网络时，BNNS 非常有用。在其他所有情况下，仍是希望使用 MPS CNN 来驾驭 GPU 的大规模并行性。

关于可用的 Metal 功能，请参见 https://developer. apple. com/metal/Metal – Feature – Set – Tables. pdf。

BNNS 包含三种类型的层：卷积层、池化层和全连接层，以及几种激活函数：恒等、修正线性、带泄露的修正线性、sigmoid、双曲正切（tanh）、扩展双曲正切（scaled tanh）和绝对值等。

8.8.1 BNNS 示例

在下面的示例中，输入图像大小为 $224 \times 224 \times 64$，输出图像大小为 $222 \times 222 \times 96$。卷积权重的维度为 $3 \times 3 \times 64 \times 96$。这需要执行 54.5 亿次浮点运算［每秒千兆次浮点运算（gigaFloPS）］。在一个完整的 MNIST 识别网络中，每一次转发大约需要 1～2 万亿次运算。

BNNS 是属于加速过程中的一部分，因此需要导入 Accelerate 来访问神经网络的构建块。首先需描述输入栈：

```
var inputStack = BNNSImageStackDescriptor(
  width: 224, height: 224, channels: 64,
  row_stride: 224, image_stride: 224*224,
  data_type: BNNSDataTypeFloat32,
  data_scale: 1.0, data_bias: 0.0)
```

大多数参数很直观；row_stride 是向下一行的增量（单位为像素），image_stride 是向下一通道的增量（单位为像素），data_type 是存储类型。

输出栈大致如下：

```
var outputStack = BNNSImageStackDescriptor(
  width: 1, height: 10, channels: 1,
  row_stride: 1, image_stride: 10,
  data_type: BNNSDataTypeFloat32,
  data_scale: 1.0, data_bias: 0.0)
```

现在，创建一个卷积层。BNNSConvolutionLayerParameters 中包含了对卷积层的描述：

```
let activation = BNNSActivation(function: BNNSActivationFunctionIdentity,
alpha: 0, beta: 0)

var convolutionParameters = BNNSConvolutionLayerParameters(
  x_stride: 1, y_stride: 1,
  x_padding: 0, y_padding: 0,

k_width: 3, k_height: 3,
in_channels: 64, out_channels: 96,
weights: convolutionWeights,
bias: convolutionBias,
activation: activation)
```

其中，k_width 和 k_height 分别是核的宽度和高度。

创建卷积层：

```
let convolutionLayer = BNNSFilterCreateConvolutionLayer(&inputStack,
&outputStack, &convolutionParameters, nil)
```

BNNSFilterParameters 的默认值是 nil。

现在，可以利用过滤器，并在不需要时，通过调用 BNNSFilterDestroy（convolutionLayer）来销毁。

池化层：

```
// 描述池化层
BNNSPoolingLayerParameters pool = {
    .k_width = 3,
// 核的高度
// 核的宽度
// x值填充
// y值填充
    .k_height = 3,
    .x_padding = 1,
    .y_padding = 1,
    .x_stride = 2,
    .y_stride = 2,
    .in_channels = 64,
    .out_channels = 64,
    .pooling_function = BNNSPoolingFunctionMax   // 池化函数
};
// 创建池化层过滤器
BNNSFilter filter = BNNSFilterCreatePoolingLayer(
    &in_stack,        // 输入栈的BNNSImageStackDescriptor
    &out_stack,       // 输出栈的BNNSImageStackDescriptor
    &pool,            // BNNSPoolingLayerParameters
    NULL);            // BNNSFilterParameters（默认值为NULL）
// 使用过滤器
// 销毁过滤器
BNNSFilterDestroy(filter);

// 描述输入向量
BNNSVectorDescriptor in_vec = {
    .size = 3000,
// 大小
// 存储类型
};
// 描述全连接层
BNNSFullyConnectedLayerParameters full = {
    .in_size = 3000,
    .out_size = 20000,
    .weights = {
        .data_type = BNNSDataTypeFloat16,
        .data = weights
// 输入向量大小
// 输出向量大小
// 存储类型权重
// 权重数据指针
} };
// 创建全连接层过滤器
BNNSFilter filter = BNNSFilterCreateFullyConnectedLayer(
    &in_vec,          // 输入向量的BNNSVectorDescriptor
    &out_vec,         // 输出向量的BNNSVectorDescriptor
    &full,            // BNNSFullyConnectedLayerParameters
    NULL);            // BNNSFilterParameters（默认值为NULL）//使用过滤器
```

```
// 销毁过滤器
BNNSFilterDestroy(filter);
// 对一个（输入、输出）对应用过滤器
int status = BNNSFilterApply(filter,
                             in,
out);
// BNNSFilter
// 输入数据指针
// 输出数据指针
// 对N个（输入、输出）对应用过滤器
int status = BNNSFilterApplyBatch(filter,
                                  20,
                                  in,
                                  3000,
                                  out,
                                  20000);
// BNNSFilter
// 批大小（N）
// 输入数据指针
// 输入步长（值）
// 输出数据指针
// 输出步长（值）
```

8.9 小结

在本章中，我们熟悉了人工神经网络及其主要组成部分。神经网络是由通常按层组织的神经元组成的。典型的神经元对输入进行加权求和，然后再应用非线性激活函数来计算输出。现有许多不同的激活函数，但目前最常用的是 ReLU 及其各种改进，这是由于其具有的计算特性所决定的。

神经网络通常是采用基于随机梯度下降的反向传播算法进行训练的。多层前馈神经网络也称为多层感知器。其主要用于分类任务。

下一章将继续讨论神经网络，只不过是重点讨论卷积神经网络，这在计算机视觉领域尤为常见。

第9章

卷积神经网络

本章将讨论卷积神经网络（CNN）。首先，通过 Swift 中的示例来分析所有组件，以便对算法及其运行机制有一个直观认识。然而，在现实生活中，很大程度上不会从头开发 CNN，因为会直接利用一些现成的、经过严格测试的深度学习框架。

为此，在本章的第二部分中，将介绍一个完整的深度学习移动应用程序的开发周期。在此，将拍摄带有情感标签的人脸照片，在 GPU 工作站上训练 CNN，然后通过 Keras、Vision 和 Core ML 框架将其集成到 iOS 应用程序中。

本章的主要内容包括：

- 情感计算。
- 计算机视觉及其任务和方法。
- 卷积神经网络的详细分析以及蕴含的核心概念。
- 卷积神经网络在计算机视觉中的应用。
- 如何利用 GPU 工作站和 Keras 来训练卷积神经网络。
- 深度学习技巧：正则化、数据扩充和提前停止。
- 卷积神经网络架构。
- 如何将一个经过训练的模型转换为 Core ML 格式，以便应用于 iOS 应用程序。
- 如何利用卷积神经网络和 Vision 框架检测照片中的面部表情。

9.1 理解用户情感

尽管语音输入确实是一种有用特征，但众所周知，根据说话者的语调、面部表情和上下文，语句的实际意义可能与字面意思完全相反。以下列的简单语句为例："哦，真的吗？"根据具体情况，这句话可能包含的意思是："有所怀疑，不了解""印象深刻""不在乎""感到惊讶"等。问题是语言并不是人类唯一的一种交流方式，因此现在很多研究都着重于让计算机能够理解（并模拟）手势、面部表情、文本中的情感、眼动、嘲讽和其他情感表现。围绕着带有情感和同情心的人工智能问题而产生的一个跨学科领域称为**情感计算**。情感计算集成了计算机和认知科学，以及心理学和机器人学的多学科知识。目的是创建一种能够适应用户情感状态、了解其情绪并模拟产生共鸣的计算机系统。早在 1995 年，智能手机出现之前，Rosalind Picard 就已提出这一研究领域的名称。在其技术报告 Affective Computing（情感计算）[2] 中，曾预测情感计算在可穿戴设备中尤为重要。在本章中，将通过面部表情识别，在移动应用程序中引入情感智能元素。这可用于语言理解，或从表情符号推荐到照片智能分类等许多其他应用领域。

　　需要注意的是，情感计算与情感分析非常类似，但这是一个更宽泛的术语：前者是考虑所有类型的情感，并进行检测和模拟，而后者则主要关注文本的性质（积极正面/消极负面）。

9.2　计算机视觉问题概述

　　尽管本书之前已多次提到计算机视觉，但本章的重点才是这一特定领域，为此进行更详细的介绍。与图像和视频处理相关的实际任务称为计算机视觉研究领域。在从事某些计算机视觉任务时，了解一些术语很重要，以便能够在海量的计算机视觉出版物中找到所需的内容。

- **目标识别**：与分类相同。目的是为图像标记标签——这是一只猫、年龄估计、面部表情识别。
- **目标定位**：确定目标物体在图像中的位置。这只猫在图像框中。
- **目标检测**：确定多个目标物体在图像中的位置。这只猫在图像框中。
- **语义分割**：图像中的每个点都归为某一类。如果图片中包含多只猫，则所有猫的像素都将归为猫类。
- **实例分割**：图像中的每个点都归为某类的一个实例。如果图片中包含多只猫，则每只猫的像素都将归为猫类的一个单独实例。
- **姿态估计**：确定目标对象在空间中的方位。
- **目标跟踪**：通过分析视频确定运动目标的轨迹。
- **图像分割**：寻找图像中不同物体间的边界。背景减除。
- 三维场景恢复和深度估计。
- 图像搜索和检索。

　　一些常见的计算机视觉任务（见图 9.1），如光学字符识别（OCR），都包括几个步骤；如图像分割→图像识别。

　　由于相机位置不同、光线变化、目标遮挡、类内可变性、目标形状变化等各种因素，执行这些任务是一个难题。许多常用的机器学习算法都在计算机视觉任务中得到很好的应用。例如，已知 k-均值算法可用于图像分割，而线性回归 RANSAC 算法可用于将照片拼接成全景照片。

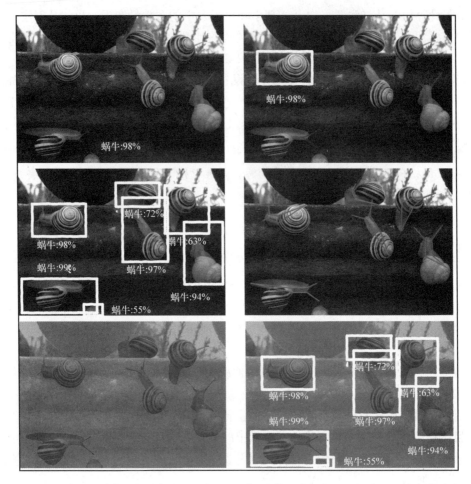

图 9.1　常见的计算机视觉任务。上行：识别、定位。中间行：目标检测、姿态估计。
下行：语义分割和实例分割

CNN 发展背景：

　　多年来，计算机视觉的研究进展缓慢、艰巨，并涉及许多领域的专业知识、人工特征提取和模型参数整定。但重大变化悄然而至：2012 年，Alex Krizhevsky 赢得了 ImageNet 年度图像识别大赛的冠军，将其他竞争对手远远抛在身后，其所提出的分类器采用了当时鲜为人知的 CNN（AlexNet 架构）。更令人惊讶的是 CNN 早在 1994 年就被提出了，当时是 Yan LeCunn 提出了一种用于手写体数字识别的 LeNet5 架构。但普遍认为这对于大多数现实世界中的任务来说是不切实际的，因为任何有用信息的学习都需要几乎大量的时间和数据。Krizhevsky 的创新性在于是采用 GPU 而不是 CPU 来训练网络的。利用这些设备的强大并行性，成功地将训练时间从几周缩短到几小时。实验结果引起世界轰动，因此，卷积神经网络在研究和实践人员中得到迅速普及。

　　接下来，详细分析一下这种类型的神经网络。

9.3 卷积神经网络概述

近年来，卷积神经网络（CNN）得到了广泛关注，主要是由于其在计算机视觉领域取得了巨大成功。这是当今大多数计算机视觉系统的核心，包括自动驾驶汽车和大规模照片分类系统。

从某种意义上说，CNN 与多层感知器非常相似，这在前一章已讨论过。卷积神经网络也是基于层来构建的，但与多层感知器的不同之处是，CNN 通常是包含许多不同的层，而MLP 则是具有多个类型相似的层。CNN 中最重要的一种类型的层是卷积层。现代卷积神经网络可以有上百个不同的层，因此深度相当大。不过，仍可以将整个网络看作是一个可微函数，接收某些输入（通常是图像像素原始值），并产生一些输出（如分类概率：猫占 0.8，狗占 0.2）。

9.4 池化操作

池化或子采样是一种减小输入大小的简单操作（见图9.2）。如果是黑白图像，且想要缩小其大小，则操作方法可以是：选择一个大小为 $n \times m$、步长为 s 的滑动窗口。遍历整幅图像，每次在应用滑动窗口时移动 s 个像素。然后在每个位置处计算平均值（平均池化）或最大值（最大池化），并将该值保存在相应的矩阵中。目前，处理图像边界主要有两种常用方法，如图9.2 所示。

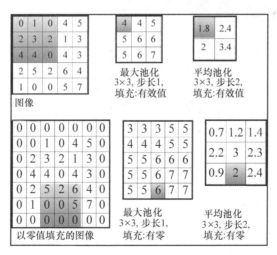

图9.2 池化操作。源图像中的灰度窗口对应于目标图像中的灰度单元格

在卷积神经网络中执行池化操作是为了在网络传输中减小数据大小。

9.5　卷积运算

　　卷积是图像处理中一种最重要的运算。在图像编辑器中，模糊、锐化、边缘检测、去噪、浮雕等许多常见操作实际上都是通过卷积运算实现的。在某种程度上，卷积类似于池化操作，因为也是一个滑动窗口的操作，只不过在此不是取窗口内的平均值，而是对大小为 $n \times n$ 的核矩阵按元素相乘，并对结果求和。运算的结果取决于核（也称为卷积滤波器）——通常是一个方阵，但也不绝对，见图 9.3。另外，步长和填充的概念与池化操作相同。

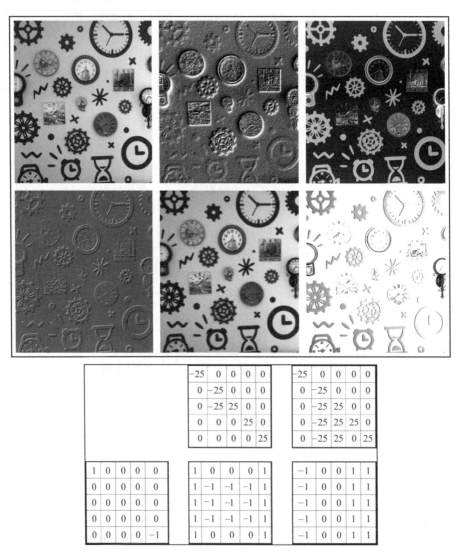

图 9.3　在图片上执行不同卷积滤波器的各种效果

卷积运算的工作方式如下（见图 9.4）：

- 卷积核（滤波器）从左到右、从上至下在图像上滑动。
- 在每个位置上，计算滤波器和与其重叠的图像块之间的元素乘积。
- 对所得矩阵的各个元素求和。
- 卷积的结果是由每个位置上的滤波器之和所组成的一个矩阵。

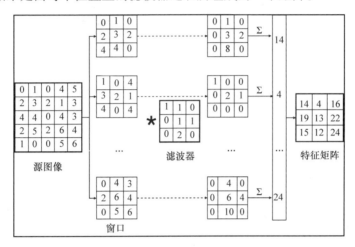

图 9.4　内核为 3×3、步长为 1 且有效填充的卷积运算：源图像拆分为各个窗口；
每个窗口按元素与滤波器相乘；对每个窗口的值求和

该算法貌似很简单，或许认为 Swift 的实现类似如下：

```swift
let input = ... // 源图像；二维数组
var output = ... // 目标图像，二维数组
for i in 0..<imageHeight {
    for j in 0..<imageWidth {
        var accumulator = 0;
        for ik in 0..<kernelHeight {
            for jk in 0..<kernelWidth {
                accumulator += kernel[ik][jk] *
                input[i+ik-kernelHeight/2][j+jk-kernelWidth/2]
            }
        }
        output[i][j] = accumulator;
    }
}
```

但是，实际上不应在实际应用程序中执行卷积运算。以下是需要处理的部分问题列表：

- 合理处理图像边缘（见图 9.5）。
- 步长处理——执行每一步后内核移动多少像素。
- 合理处理整数溢出问题。
- 优化运行速度。

一个好的卷积实现可能需要数百行的代码（甚至更多）。iOS 的 SDK 中根据开发人员的

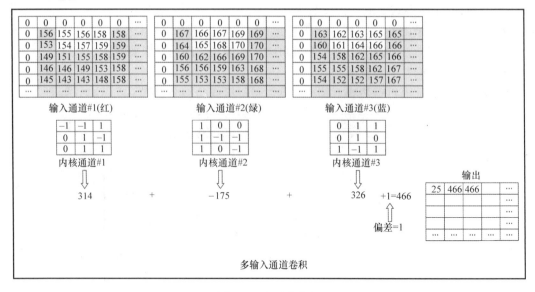

图 9.5 多通道卷积

需求和目标，提供了多种 API 以供选择。

- 对于图像滤波：
  - ■ 针对核心图像框架的 CIImageFilter。
  - ■针对加速框架的 vImage convolution 函数，例如 vImageConvolve_ARGB8888（）。
- 对于卷积神经网络的运行：
  - ■ 针对 CPU：BNNS 卷积层——BNNSFilterCreateConvolutionLayer。
  - ■ 针对 GPU：Metal 性能着色器框架中的 MPSCNNConvolution 类。

建议在处理较大图像或连续多次重复相同操作时采用 vImage function 方法。若是对中等大小的图像进行滤波，则 CoreImage 方法更有效。在实现卷积神经网络时，通常还需要使用 Metal 或 accelerate 框架。这在第 11 章中将会详细讨论。

查看补充代码中的 convolution. playground，了解不同的卷积滤波器是怎样产生不同的效果的。尝试采用自行编写的滤波器，观察会产生什么效果。在此，是采用 accelerate 框架中的 vImageConvolve_ARGB8888（）函数来执行滤波。

示例程序如下：
```
import Accelerate

let error = vImageConvolve_ARGB8888(&input, &output, nil, 0, 0, kernel,
kernelHeight, kernelWidth, Int32(divisor), nil, flags)
```

9.5.1 CNN 中的卷积运算

在第一层对输入图像执行滤波，并将生成的特征矩阵向下传递。在下一层继续对其输入执行滤波，以提取更高层的特征（见图9.6～图9.8）。在图像分类（或目标识别）任务中，卷积神经网络会在训练过程中逐步调节滤波器，以从图像中提取有效特征。在这种情况下，有效特征是不同的模板，如眼睛、鸟喙、轮子等。

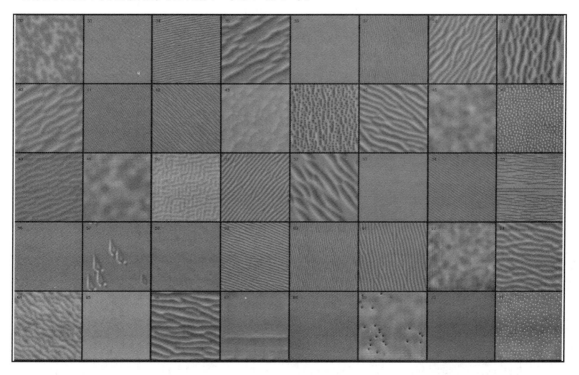

图9.6　每个CNN层都学习一组卷积核。图中给出的是在VGG-16第二个块的第二卷积层中不同滤波器的输出

重要的是除了计算机视觉领域之外，卷积神经网络也得到广泛应用，例如，在自然语言建模和语音识别中。这是因为卷积神经网络能够从原始数据中提取有意义的特征。从图像中提取边缘和角点与从文本中提取句法特征没有本质区别。

9.6　构建网络

在第一次接触各种卷积神经网络架构时，可能会感到这会涉及大量新术语、不同的层以及超参数。事实上，目前只有少数架构得到真正的广泛应用，而且适用于移动开发设计的会更少。

现有5种基本类型的层，再加上通常只是用于传输数据的一个输入层。

- 输入层：神经网络的第一层。只是接收输入并传输到下一层。
- 卷积层：在此进行卷积运算。

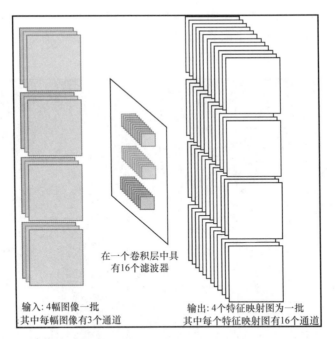

在一个卷积层中具
有16个滤波器

输入：4幅图像一批
其中每幅图像有3个通道

输出：4个特征映射图为一批
其中每个特征映射图有16个通道

图 9.7　第一卷积层以批图像数据为输入，输出批特征映射图。将 16 个红、绿、
蓝滤波器的结果相加，由此得到最终的特征映射图

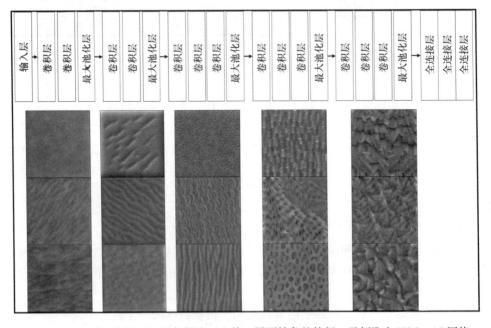

图 9.8　CNN 中的每个下一层都提取了比前一层更抽象的特征。示例取自 VGG – 16 网络

- 全连接层：连接层或密集层。
- 非线性层：这是在对上一层输出执行激活函数（sigmoid、ReLU、tanh 和 softmax 等）的层。
- 池化层：对输入进行下采样。
- 正则化层：用于防止过拟合的层。

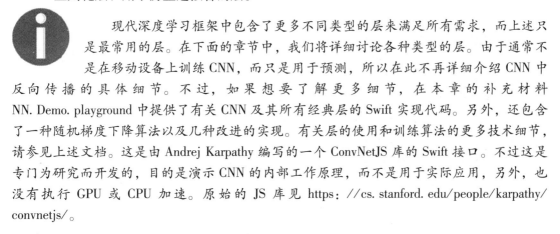

现代深度学习框架中包含了更多不同类型的层来满足所有需求，而上述只是最常用的层。在下面的章节中，我们将详细讨论各种类型的层。由于通常不是在移动设备上训练 CNN，而只是用于预测，所以在此不再详细介绍 CNN 中反向传播的具体细节。不过，如果想要了解更多细节，在本章的补充材料 NN. Demo. playground 中提供了有关 CNN 及其所有经典层的 Swift 实现代码。另外，还包含了一种随机梯度下降算法以及几种改进的实现。有关层的使用和训练算法的更多技术细节，请参见上述文档。这是由 Andrej Karpathy 编写的一个 ConvNetJS 库的 Swift 接口。不过这是专门为研究而开发的，目的是演示 CNN 的内部工作原理，而不是用于实际应用，另外，也没有执行 GPU 或 CPU 加速。原始的 JS 库见 https：//cs. stanford. edu/people/karpathy/convnetjs/。

9.6.1　输入层

这是一个不起太大作用的层，在前向和后向传输中不执行任何操作。只是用于定义输入张量的大小。

9.6.2　卷积层

在卷积神经网络中，卷积运算是在一些称为卷积层的特殊层中执行的。每一个卷积层都具有一个卷积滤波器阵列，也可看作是一个具有宽度、高度和通道数（或称为深度）的三维卷积滤波器。在第一卷积层中，通常是具有对应于输入图像 RGB 颜色的 3 个通道，见图 9.7。

卷积层的输出称为特征映射图，因为其中给出了具体特征在输入图像中的位置。注意，只有第一卷积层是以图像作为输入的，后面所有的层都是将上一层的输出（特征映射图）作为输入。这些特征映射图是以张量形式保存的。参见图 9.8。

深度学习中的张量是一个多维数组。神经网络参数，如卷积滤波器，是以张量形式存储的，所有数据均是以张量形式在深度神经网络中传输的。零维张量是一个标量，一维张量是向量，二维张量是矩阵，三维张量有时称为立方体。

值得注意的是，对于实际应用程序，通常并不希望在 Swift 中编写具体的卷积层，这是由于想要利用 GPU 的强大性能，因此一般都是采用现有的深度学习库（见第 10 章）或是在 Metal 或 Accelerate 中实现自定义层（见第 11 章）。

9.6.3　全连接层

全连接层类似于第 8 章介绍的多层感知器中的一层，只是没有激活函数。可以将其想象成一个与输入相乘的权重矩阵或一个神经元层（见图 9.9）。

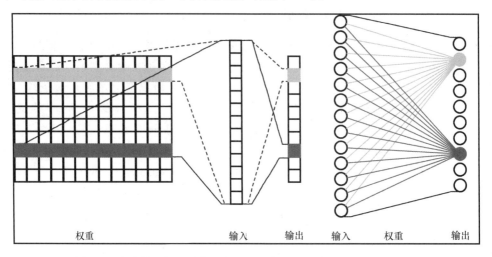

图 9.9　全连接层的两种表示方法：矩阵 – 向量乘积形式和图的形式

9.6.4　非线性层

在第 8 章介绍的 tanh、sigmoid、ReLu 等都是非线性函数。这些非线性层通常是位于卷积层或全连接层之后。

softmax 是逻辑函数在向量上的一种泛化。逻辑函数是将标量值压缩在 0 ~ 1 之间，而 softmax 是对向量进行压缩，使其元素之和为 1。在统计学中，离散随机分布的输出概率相加为 1，因此，该函数对于目标变量离散的分类任务非常有用。

9.6.5　池化层

池化层是执行池化操作。当想要减小传递到下一层的张量大小时，就将其置于卷积层之后。

9.6.6　正则化层

正则化层是为了防止过拟合并提高训练速度。常用的正则化层有退出层和批归一化层，实践表明这两种技术都非常有效。

1. 退出

退出是正则化深度神经网络中的一种常用方法。其思想是在训练的每一步中都以某一预定义的概率随机关闭上一层的某些神经元。在这一步中，不再训练被关闭的神经元，但在下一步中会恢复原先的权重。由于该技术不允许在所有数据上训练所有神经元，因此可有效防止过拟合。

2. 批归一化

层参数的微小变化都会影响后面所有层的输入,且影响效果会在每个下一层逐渐增强,这对于深度网络来说尤为严重。在训练过程中,每一层的输入分布都会变化,这是由于上一层的参数进行了调整。这个问题称为内部协变量偏移。2015 年,Google 公司的 Sergey Ioffe 和 Christian Szegedy 提出了批归一化技术来解决该问题。该技术是将每个小批量的层输入归一化为网络架构的一部分。批归一化层通常是位于点积和非线性运算之间。

批归一化的优点是:

- 可以采用较大的学习速率。
- 可以不必过多考虑初始化权重。
- 实现正则化——无须退出。
- 相同模型的训练速度可提高 14 倍。

协变量偏移

在机器学习系统中的一个常见问题形式上称为协变量偏移:当模型部署到实际应用环境中时,会出现模型的数据分布与训练数据的分布不同的情况。这个问题的命名来源于协变量,但实质上与特征相同。通过类比,引入了内部协变量偏移的概念:在神经网络中,每一层中输入数据的分布不稳定,但在随机梯度下降的每一步后都会发生显著变化。如果输入和输出的分布都发生变化,则称为数据集偏移。

9.7　损失函数

损失函数非常重要,因为这是在训练过程中想要最小化的内容。下面给出了一些常用的损失函数。

函数名	公式	用途
均方误差或 L_2 - 损失	$\mathcal{L}(\boldsymbol{y} - \hat{\boldsymbol{y}}) = \sum_{i=1}^{n} (\boldsymbol{y} - \hat{\boldsymbol{y}}_i)^2$	回归
平均绝对误差或 L_1 - 损失	$\mathcal{L}(\boldsymbol{y} - \hat{\boldsymbol{y}}) = \sum_{i=1}^{n} \mid \boldsymbol{y} - \hat{\boldsymbol{y}}_i \mid$	回归
分类交叉熵	$\mathcal{L}(\boldsymbol{y} - \hat{\boldsymbol{y}}) = -\sum_{i=1}^{n} \boldsymbol{y}_i \log \hat{\boldsymbol{y}}_i$	softmax 多类分类

其中,$\boldsymbol{y}$ 是实际向量,而 $\hat{\boldsymbol{y}}$ 是长度为 $\boldsymbol{n}$ 的预测向量。

9.8　批量训练网络

随机梯度下降(SGD)是一种训练深度神经网络的有效方法。SGD 是为了寻找使得损

失函数 $\mathcal{L}$ 最小化的网络参数 $\varTheta$，即

$$\varTheta = \arg_\varTheta \min \frac{1}{N} \sum_{i=1}^{N} \mathcal{L}(x_i, \varTheta)$$

式中，$x_i \cdots N$ 是训练数据集。

训练是分步执行的。在每一步中，选择训练集中一个大小为 m 的子集（小批量数据），并用来近似相对于参数 $\varTheta$ 的损失函数梯度，即

$$\frac{1}{m} \frac{\partial \mathcal{L}(x_i, \varTheta)}{\partial \varTheta}$$

小批量训练的好处如下：

- 针对小批量的损失函数梯度是对整个数据集上损失函数梯度的一个较好的近似，仅需针对一个样本进行计算。
- 得益于 GPU，可对批数据中的每个样本进行更快的并行计算，然后再逐个处理。

9.9 训练用于面部表情识别的 CNN

为了演示 CNN，在此将实现一个用于情感识别的简单神经网络。其中使用了 ICML 2013 面部表情识别挑战赛中所用的 fer2013 面部表情数据集[1]。

该数据集可从下列 kaggle 站点下载：
https://www.kaggle.com/c/challenges-in-representation-learning-facial-expression-recognition-challenge/data
需要注册并接受一些条款和条件。

Fer2013. tar. gz 压缩文件中包含了带数据集的 fer2013. csv 和一些补充信息文件。. csv 文件中包含 35887 个样本，其中 28709 个样本标记为训练集，3589 个样本标记为公共测试集，以及 3589 个样本为私有测试集。表中有 3 列：情感、像素和用法。每个样本都是一个以像素阵列形式的 48×48 像素的灰度人脸照片。由于人脸是自动裁剪的，因此数据集中会存在一些误报（非人脸和卡通人脸）。每个人脸都标记为 7 个分类中的一种。数据集中的情感分布如下：

类别 ID	0	1	2	3	4	5	6
情感	愤怒	厌恶	恐惧	快乐	悲伤	惊讶	平和
计数	4953	547	5121	8989	6077	4002	6198

9.10 环境设置

要训练深度卷积神经网络，需要一台具有兼容 CUDA 的 GPU 的计算机。在此，是使用了一台具有 NVIDIA GTX980 GPU 的 Ubuntu 16. x 操作系统计算机来进行模型训练，并通过一台 macOS 计算机将模型转换为 Core ML 格式。如果不具备兼容 CUDA 的 GPU，也可在 CPU

上进行模型训练；不过需要注意的是这将会花费很长时间。在补充材料中也提供了本章所用的训练模型，所以如果不希望因为重新训练模型而产生温室效应的话，可以直接利用已训练好的模型。

以下列出了为了训练网络需要在系统上安装的程序：

- 最新的 NVIDIA 驱动程序。
- CUDA 8.0。
- cuDNN 5.1。
- Python 2.7。
- Tensor Flow – gpu（或仅适用于 CPU 模式的 TensorFlow）。
- Keras。
- Keras – viz。
- Matplotlib、Pandas。

有关具体的安装说明，请参见官方网站。

9.11 深度学习框架

现有很多用于不同平台的深度学习工具包和库。在很长一段时间内，最常用的 3 种库是 Theano（Python）、Torch（Lua）和 Caffe（C + +）。在某种程度上，Caffe 已成为一种工业标准，而 Theano 和 Torch 则主要是研究人员使用。本人将这 3 个库称为第一代深度学习框架。目前在互联网上提供的大多数预训练的神经网络仍是 Caffe 格式。鉴于上述每种库都各有优缺点，因此几年后提出了下一代框架。如果说第一代框架主要是由个别研究人员创建的，那么第二代框架则是由大型 IT 公司推动的。今天，除了 Apple 公司，每个互联网巨头公司都提出了各自的开源深度学习框架：Google 公司的 TensorFlow 和 Keras、Microsoft 公司的 CNTK、Facebook 公司发布的 Caffe2，另外，得益于 Twitter 和 Facebook，Torch 获得重生，变为 PyTorch。Amazon 公司选择 MXNet 作为其在 AWS 中所用的深度学习框架。那么针对具体的深度学习项目，应该选择哪一种框架呢？目前，对于 iOS 支持最好的是 Caffe2 和 Tensor-Flow 框架。随着 Core ML 的发布，其提供了一种简单方法将在 Caffe 和 Keras 中训练的模型转换为适用于 Apple 公司的 ml 模型格式。在本章，我们将采用 Keras 来构建 CNN。

 旁注：Apple 公司的 Metal2 还包含许多用于构建深度学习神经网络的原语，但还难称之为深度学习框架，最重要的原因是其不支持神经网络的训练。

9.11.1 Keras

Keras 是一种构建深度学习神经网络的常用 Python 包。其具有对用户友好的语法。可易于且快速生成原型并构建其深度模型。Keras 最初是作为 Theano 符号计算库的接口，但随着时间推移，又开发了 TensorFlow 后端，并最终成为 TensorFlow 的一部分。现在，TensorFlow

是一个默认后端，不过也可以选择切换到 Theano 后端。同时，目前也正在开发 MXNet 和 CNTK 的后端。

Keras 包含了对最常见数据类型（图像、文本和时间序列）的预处理函数。

Core ML 支持在 Keras 中构建卷积和递归神经网络。

Keras 官方网站：https://keras.io/。

9.12　加载数据

照例，首先添加某些 magic 函数来显示 Jupyter 中的内联图像：

```
%matplotlib inline
```

利用 Pandas 来处理数据：

```
import pandas
```

访问 Kaggle 网站并下载数据集：https://www.kaggle.com/c/challenges-in-representation-learning-facial-expression-recognition-challenge。

将数据集加载到内存中：

```
data = pandas.read_csv("fer2013/fer2013.csv")
```

数据集是由像素强度编码的灰度人脸照片组成的。每幅 48×48 的图像包含 2304 个像素，且每幅图像都根据面部上的情感进行了标记。

```
data.head()
emotion   pixels   Usage
0   0   70 80 82 72 58 58 60 63 54 58 60 48 89 115 121...   Training
1   0   151 150 147 155 148 133 111 140 170 174 182 15...   Training
2   2   231 212 156 164 174 138 161 173 182 200 106 38...   Training
3   4   24 32 36 30 32 23 19 20 30 41 21 22 32 34 21 1...   Training
4   6   4 0 0 0 0 0 0 0 0 0 0 3 15 23 28 48 50 58 84...   Training
How many faces of each class do we have?

data.emotion.value_counts()
3   8989
6   6198
4   6077
2   5121
0   4953
5   4002
1    547
Name: emotion, dtype: int64
```

其中，0 = 愤怒；1 = 厌恶；2 = 恐惧；3 = 快乐；4 = 悲伤；5 = 惊讶；6 = 平和。

在接下来的工作中去除了厌恶情感图像，因为相关样本太少了。

```
data = data[data.emotion != 1]
data.loc[data.emotion > 1, "emotion"] -= 1
data.emotion.value_counts()
2    8989
5    6198
3    6077
1    5121
0    4953
4    4002
Name: emotion, dtype: int64
emotion_labels = ["Angry", "Fear", "Happy", "Sad", "Surprise", "Neutral"]
num_classes = 6
```

这是在训练集和测试集中的样本分布情况。接下来，将通过 Training 函数来进行模型训练，而其他工作是在测试集中完成的。

```
data.Usage.value_counts()
Training      28273
PrivateTest    3534
PublicTest     3533
Name: Usage, dtype: int64
```

图像大小和通道个数（深度）：

```
from math import sqrt
depth = 1
height = int(sqrt(len(data.pixels[0].split())))
width = int(height)
height
48
```

现在观察一些人脸图像：

```
import numpy as np
import scipy.misc
from IPython.display import display
for i in xrange(0, 5):
    array = np.mat(data.pixels[i]).reshape(48, 48)
    image = scipy.misc.toimage(array, cmin=0.0)
    display(image)

    print(emotion_labels[data.emotion[i]])
```

//在 notebook 中会显示图像

很多人脸的表情较为模糊，因此神经网络很难进行分类。例如，第一张人脸显得很惊喜或悲伤，而不是生气，第二张人脸则看起来一点都不生气。然而，这就是所拥有的数据集。在实际应用程序中，建议要收集分辨率较高的更多样本，然后对每个样本进行标记，以便每幅照片可通过不同的独立标记器进行多次标记。然后，删除所有标记含糊不清的照片。

9.13　拆分数据

在训练模型之前，需要将数据拆分为训练集和测试集，代码如下：

```
train_set = data[(data.Usage == 'Training')]
test_set = data[(data.Usage != 'Training')]
X_train = np.array(map(str.split, train_set.pixels), np.float32)
X_test = np.array(map(str.split, test_set.pixels), np.float32)
(X_train.shape, X_test.shape)
((28273, 2304), (7067, 2304))
48*48
2304
X_train = X_train.reshape(28273, 48, 48, 1)
X_test = X_test.reshape(7067, 48, 48, 1)
(X_train.shape, X_test.shape)
((28273, 48, 48, 1), (7067, 48, 48, 1))
num_train = X_train.shape[0]
num_test = X_test.shape[0]
(num_train, num_test)
(28273, 7067)
```

将标签转换为类别：

```
from keras.utils import np_utils //对实际数据进行独热编码的程序
truth values
Using TensorFlow backend.
y_train = train_set.emotion
y_train = np_utils.to_categorical(y_train, num_classes)
y_test = test_set.emotion
y_test = np_utils.to_categorical(y_test, num_classes)
```

9.14 数据扩充

在深度学习应用程序中，通常而言，数据越多越好。深度神经网络一般具有很多参数，所以在较小的数据集上很容易过拟合。现在，可以采用数据扩充技术从已有的样本中生成更多的训练样本。其思想是随机改变样本。例如，对于人脸照片，可以水平翻转、稍微偏移或增加一些旋转。

```
from keras.preprocessing.image import ImageDataGenerator
datagen = ImageDataGenerator(
    rotation_range=25,
    width_shift_range=0.2,
    height_shift_range=0.2,
    horizontal_flip=True)
```

计算特征归一化所需的量（如果应用 ZCA 白化，则是标准差、均值和主成分）：

```
datagen.fit(X_train)
batch_size = 32
```

在每次迭代中，同时考虑 32 个训练样本，也就是说，批大小为 32。现在观察数据扩充后的图像：

```
from matplotlib import pyplot
for X_batch, y_batch in datagen.flow(X_train, y_train, batch_size=9):
```

创建一个 3×3 的网格图像：

```
    for i in range(0, 9):
        pyplot.axis('off')
        pyplot.subplot(330 + 1 + i)
        pyplot.imshow(X_batch[i].reshape(48, 48),
cmap=pyplot.get_cmap('gray'))
```

绘制图像：

```
    pyplot.axis('off')
    pyplot.show()
    break
```

`<Images>`

在训练期间生成样本的发生器：

```
train_flow = datagen.flow(X_train, y_train, batch_size=batch_size)
test_flow = datagen.flow(X_test, y_test)
```

9.15　创建网络

Keras 允许通过逐个添加新层来构建深度神经网络。注意，到目前为止，所有层都已是很熟悉的。

```
from keras.models import Sequential
from keras.layers import Activation, Dropout, Flatten, Dense,
BatchNormalization, Conv2D, MaxPool2D
model = Sequential()

model.add(Conv2D(16, (3, 3), padding='same', activation='relu',
input_shape=(height, width, depth)))
model.add(Conv2D(16, (3, 3), padding='same'))
model.add(BatchNormalization())
model.add(Activation('relu'))
model.add(MaxPool2D((2,2)))

model.add(Conv2D(32, (3, 3), padding='same', activation='relu'))
model.add(Conv2D(32, (3, 3), padding='same'))
model.add(BatchNormalization())
model.add(Activation('relu'))
model.add(MaxPool2D((2,2)))

model.add(Conv2D(64, (3, 3), padding='same', activation='relu'))
model.add(Conv2D(64, (3, 3), padding='same'))
model.add(BatchNormalization())
model.add(Activation('relu'))
model.add(MaxPool2D((2,2)))

model.add(Flatten())
model.add(Dense(128))
model.add(BatchNormalization())
model.add(Activation('relu'))
```

```
model.add(Dense(num_classes, activation='softmax'))
model.compile(loss='categorical_crossentropy',
             optimizer='rmsprop',
             metrics=['accuracy'])
```

通过 model 对象的 layers 特性来访问的层的列表：

```
model.layers
[<keras.layers.convolutional.Conv2D at 0x7f53b5d12fd0>,
 <keras.layers.convolutional.Conv2D at 0x7f53b5ca2090>,
 <keras.layers.normalization.BatchNormalization at 0x7f53b5ca2a10>,
 <keras.layers.core.Activation at 0x7f53b5cbbe50>,
 <keras.layers.pooling.MaxPooling2D at 0x7f53b5c68ed0>,
 <keras.layers.convolutional.Conv2D at 0x7f53b5c68bd0>,
 <keras.layers.convolutional.Conv2D at 0x7f53b5c8b310>,
 <keras.layers.normalization.BatchNormalization at 0x7f53b5c3ad10>,
 <keras.layers.core.Activation at 0x7f53b5c0e790>,
 <keras.layers.pooling.MaxPooling2D at 0x7f53b5bd7c50>,
 <keras.layers.convolutional.Conv2D at 0x7f53b5bbf990>,
 <keras.layers.convolutional.Conv2D at 0x7f53b5bb1950>,
 <keras.layers.normalization.BatchNormalization at 0x7f53b5b845d0>,
 <keras.layers.core.Activation at 0x7f53b5b3f950>,
 <keras.layers.pooling.MaxPooling2D at 0x7f53b5b05610>,
 <keras.layers.core.Flatten at 0x7f53b5ae31d0>,
 <keras.layers.core.Dense at 0x7f53b5af35d0>,
 <keras.layers.normalization.BatchNormalization at 0x7f53b5ac6690>,
 <keras.layers.core.Activation at 0x7f53b5a85750>,
 <keras.layers.core.Dense at 0x7f53b5a2e910>]
model.summary()
```

Layer (type)	Output Shape	Param #
conv2d_1 (Conv2D)	(None, 48, 48, 16)	160
conv2d_2 (Conv2D)	(None, 48, 48, 16)	2320
batch_normalization_1 (Batch	(None, 48, 48, 16)	64
activation_1 (Activation)	(None, 48, 48, 16)	0
max_pooling2d_1 (MaxPooling2	(None, 24, 24, 16)	0
conv2d_3 (Conv2D)	(None, 24, 24, 32)	4640
conv2d_4 (Conv2D)	(None, 24, 24, 32)	9248
batch_normalization_2 (Batch	(None, 24, 24, 32)	128
activation_2 (Activation)	(None, 24, 24, 32)	0
max_pooling2d_2 (MaxPooling2	(None, 12, 12, 32)	0

conv2d_5 (Conv2D)	(None, 12, 12, 64)	18496
conv2d_6 (Conv2D)	(None, 12, 12, 64)	36928
batch_normalization_3 (Batch	(None, 12, 12, 64)	256
activation_3 (Activation)	(None, 12, 12, 64)	0
max_pooling2d_3 (MaxPooling2	(None, 6, 6, 64)	0
flatten_1 (Flatten)	(None, 2304)	0
dense_1 (Dense)	(None, 128)	295040
batch_normalization_4 (Batch	(None, 128)	512
activation_4 (Activation)	(None, 128)	0
dense_2 (Dense)	(None, 6)	774

```
=================================================================
Total params: 368,566
Trainable params: 368,086
Non-trainable params: 480
```

9.16 绘制网络结构

或许探索网络结构的一种最便捷方法是绘图方式。现在来绘制网络结构：

```
from IPython.display import SVG

from keras.utils.vis_utils import model_to_dot

SVG(model_to_dot(model, show_shapes=True).create(prog='dot', format='svg'))

from IPython.display import Image
from keras.utils import plot_model
plot_model(model, show_shapes=True, show_layer_names=True,
to_file='model.png')
```

结果见图 9.10。

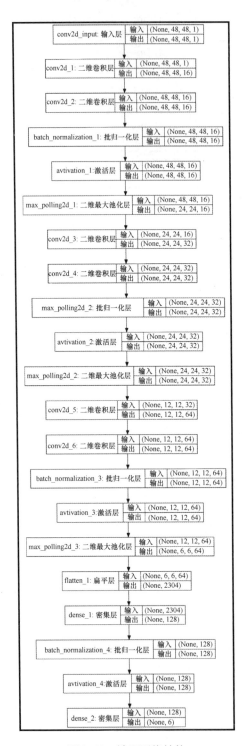

图 9.10　神经网络结构

9.17 训练网络

首先，必须确定多久完成网络的训练。一个周期是指遍历整个训练集的全部过程。周期中的步数取决于批大小和训练集中的样本数。假设对训练集执行 100 次：

```
num_epochs = 100
```

根据实时数据扩充的批数据来拟合模型：

```
num_epochs = 100 # 对整个数据集迭代执行 200 次
history = model.fit_generator(train_flow,
                    steps_per_epoch=len(X_train) / batch_size,
                    epochs=num_epochs,
                    verbose=1,
                    validation_data=test_flow,
                    validation_steps=len(X_test) / batch_size)
Epoch 1/100
883/883 [==============================] - 15s - loss: 1.7065 - acc: 0.2836
- val_loss: 1.8536 - val_acc: 0.1822
Epoch 2/100
883/883 [==============================] - 14s - loss: 1.4980 - acc: 0.4008
- val_loss: 1.5688 - val_acc: 0.3891
...
883/883 [==============================] - 13s - loss: 0.9292 - acc: 0.6497
- val_loss: 1.1499 - val_acc: 0.5819
Epoch 100/100
883/883 [==============================] - 13s - loss: 0.9225 - acc: 0.6487
- val_loss: 1.0829 - val_acc: 0.6122
```

如果训练过程顺利，在损失值应随着时间推移而逐渐减小，如图 9.10 所示。

9.18 绘制损失值

根据针对训练集和验证集的损失值，可查看模型随时间推移的改进程度（见图 9.11），并决定何时停止训练：

```
from matplotlib import pyplot as plt
history.history.keys()
['acc', 'loss', 'val_acc', 'val_loss'] plt.plot(history.history['loss'])
plt.plot(history.history['val_loss'])
plt.title('model loss')
plt.ylabel('loss')
plt.xlabel('epoch')
plt.legend(['train', 'test'], loc='upper left')
plt.show()
```

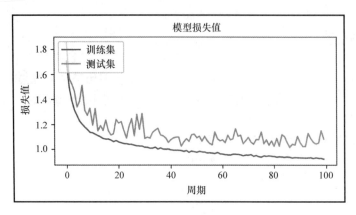

图 9.11   随训练周期变化，训练集和测试集上的损失

9.19   预测

首先，准备数据以对图像进行预测：

```
array = np.mat(data.pixels[1]).reshape(48, 48)
image = scipy.misc.toimage(array, cmin=0.0)
display(image)
print(emotion_labels[data.emotion[1]])
```

```
<Image>
```

输入一幅愤怒情感的图像：

```
input_img = np.array(array).reshape(1,48,48,1)
```

现在已有了一幅愤怒的人脸图片。接下来，进行预测并查看网络是否能够正确识别：

```
prediction = model.predict(input_img)
print(prediction)
[[ 0.05708674  0.35863262  0.03299783  0.17862292  0.00069717  0.37196276]]
emotion_labels[prediction.argmax()]
'Neutral'
```

注意，由 6 个浮点数组成的数组。这些值是指属于每一类的概率。也就是说，模型预测的这幅人脸图片可能是一个愤怒的人的概率只有 5%。整个数据如下：

愤怒	恐惧	快乐	悲伤	惊讶	平和
0.05708674	0.35863262	0.03299783	0.17862292	0.00069717	0.37196276

```
for i in xrange(1, 100):
    array = np.mat(data.pixels[i]).reshape(48, 48)
    image = scipy.misc.toimage(array, cmin=0.0)
    display(image)
    print(emotion_labels[data.emotion[i]])
    input_img = np.array(array).reshape(1,48,48,1)
    prediction = model.predict(input_img)
    print(emotion_labels[prediction.argmax()])
```

最终的结果如下：

愤怒
平和

恐惧
悲伤

悲伤
悲伤

平和
平和

恐惧
悲伤

悲伤
悲伤

快乐
快乐

快乐
快乐

恐惧
恐惧

在测试集上对训练模型进行评估。计算损失值和模型精度的函数如下：

```
model.evaluate_generator(test_flow, steps=len(X_test) / batch_size)
[1.1285726155553546, 0.60696517426491459]
```

由此可见，模型的最终精度约为 60%。考虑到数据集的噪声程度，这个结果还不错。

9.20　以 HDF5 格式保存模型

模型的保存非常简单，具体如下所示：

```
model.save('Emotions.h5')
```

9.21　转换为 Core ML 格式

在 iOS 上应用预训练卷积神经网络的最简便方法是将其转换为 Core ML 格式：

```
from keras.models import load_model
model = load_model('Emotions.h5')
coreml_model = convert(model,
                       image_input_names = 'image',
                       class_labels = emotion_labels)
...
coreml_model.save('Emotions.mlmodel')
```

9.22　可视化卷积滤波器

卷积神经网络的调试非常困难。检查卷积层是否真正学习到有意义信息的一种方法是利用 Keras – vis 软件包对其输出进行可视化：

```
from vis.utils import utils
from vis.visualization import visualize_class_activation, get_num_filters
```

在此必须将灰度图像转换为 rgb，以便可在 keras – vis 下使用：

```
def to_rgb(im):
    # I think this will be slow
    w, h = im.shape
    ret = np.empty((w, h, 3), dtype=np.uint8)
    ret[:, :, 0] = im
    ret[:, :, 1] = im
    ret[:, :, 2] = im
    return ret
```

可视化层的名称（有关确切的层名，请参见模型结构）：

```
layer_names = ['conv2d_1', 'conv2d_2',
               'conv2d_3', 'conv2d_4',
               'conv2d_5', 'conv2d_6']

layer_sizes = [(80, 20), (80, 20),
               (80, 40), (80, 40),
               (80, 80), (80, 80)]

stitched_figs = []

for (layer_name, layer_size) in zip(layer_names, layer_sizes):
    layer_idx = [idx for idx, layer in enumerate(model.layers) if
layer.name == layer_name][0]
```

可视化该层中的所有滤波器：

```
filters = np.arange(get_num_filters(model.layers[layer_idx]))
```

生成每个滤波器的输入图像，如下所示。其中的 text 字段是用于覆盖图上的 filter – value。

```
    vis_images = []
    for idx in filters:
        img = visualize_class_activation(model, layer_idx,
filter_indices=idx)
        vis_images.append(to_rgb(img.reshape(48,48)))
```

生成具有 8 个颜色通道的拼接图像模板，见图 9.12，如下所示：

```
stitched = utils.stitch_images(vis_images, cols=8)
stitched_figs.append(stitched)
plt.figure(figsize = layer_size)
plt.axis('off')
plt.imshow(stitched, interpolation='nearest', aspect='auto')
plt.title(layer_name)
```

```
plt.savefig(layer_name+"_filters.png", bbox_inches='tight')
plt.show()
```

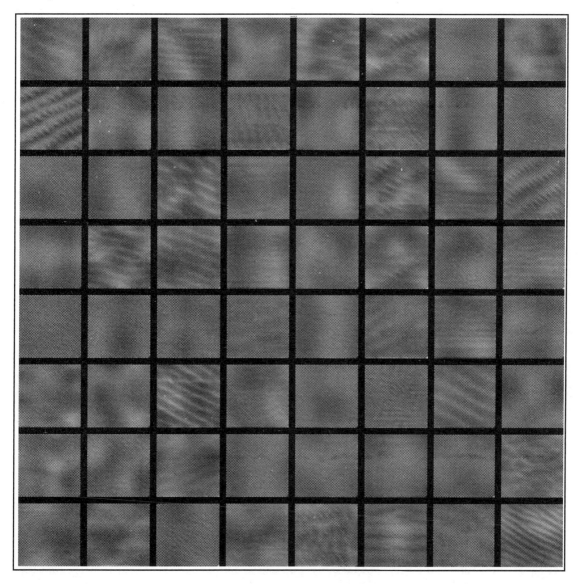

图 9.12 网络最后一个卷积层中的卷积滤波器

9.23 在 iOS 上部署 CNN

需要将 9.2.2 节中生成的 Core ML 文件拖放在项目工程中,可与模型配合使用。导入:

```
import Foundation
import Vision
import AVFoundation
import UIKit
```

首先，定义一些数据结构。可能的分类结果的枚举结构如下：

```
enum FaceExpressions: String {
 case angry = "angry"
 case anxious = "anxious"
 case neutral = "neutral"
 case happy = "happy"
 case sad = "sad"
}
```

分类器误差的枚举结构为：

```
enum ClassifierError: Error {
 case unableToResizeBuffer
 case noResults
}
```

Classifier 是 Core ML 模型的一个封装 singleton：

```
class Classifier {
 public static let shared = Classifier()

 private let visionModel: VNCoreMLModel
 var visionRequests = [VNRequest]()
 var completion: ((_ label: [(FaceExpressions, Double)], _ error:
Error?)->())?

 private init() {
 guard let visionModel = try? VNCoreMLModel(for: Emotions().model) else {
 fatalError("Could not load model")
 }

 self.visionModel = visionModel

 let classificationRequest = VNCoreMLRequest(model: visionModel,
completionHandler: classificationResultHandler)
 classificationRequest.imageCropAndScaleOption = .centerCrop
 visionRequests = [classificationRequest]
 }
```

运行推理网络的函数：

```
 public func classifyFace(image: CGImage, completion: @escaping (_ labels:
[(FaceExpressions, Double)], _ error: Error?)->()) {
 self.completion = completion
 let imageRequestHandler = VNImageRequestHandler(cgImage: image,
orientation: .up)
 do {
 try imageRequestHandler.perform(visionRequests)
 } catch {
 print(error)
 completion([], error)
 }
 }
```

出现新的分类结果时，需调用的方法：

```
private func classificationResultHandler(request: VNRequest, error: Error?)
{
 if let error = error {
 print(error.localizedDescription)
 self.completion?([], error)
 return
 }
 guard let results = request.results as? [VNClassificationObservation] else
{
 print("No results")
 self.completion?([], ClassifierError.noResults)
 return
 }

 let sortedResults = results
 .sorted { $0.confidence > $1.confidence }
 .map{(FaceExpressions(rawValue:$0.identifier)!, Double($0.confidence))}

self.completion?(sortedResults, nil)
 print(sortedResults)
 }
}
```

在此，省略了应用程序的 UI 部分，完整代码请参考演示应用程序。

9.24　小结

在本章中，我们构建了一个深度学习卷积神经网络，并利用 Keras 进行训练来识别照片上的面部表情，然后通过 Core ML 将其移植到移动应用程序中。该模型可以实时运行。另外，还熟悉了 Apple Vision 框架。

卷积神经网络是一种强大的工具，可以应用于许多计算机视觉任务，以及时间序列预测、自然语言处理等任务。CNN 是基于卷积的概念构建的，卷积是一种用于定义多种图像变换类型的数学运算。CNN 是采用与常规神经网络中以随机梯度下降方法学习权重的类似方式来学习卷积滤波器。与通常的矩阵乘法相比，卷积运算量较少，这就是为何可有效应用于移动设备的原因。除了卷积层之外，CNN 通常还包含池化层、全连接层、非线性层、正则化层等其他类型的层。多年来，研究人员针对不同目的提出了许多 CNN 架构。其中一些是专门为在移动设备上运行而设计的，例如 SquizeNet 和 MobileNets。

下一章，我们将探索人类自然语言的奇妙世界。同时还将利用神经网络构建几个具有不同个性的聊天机器人。

参 考 文 献

1. *Challenges in Representation Learning: A report on three machine learning contests*, I Goodfellow, D Erhan, PL Carrier, A Courville, M Mirza, B Hamner, W Cukierski, Y Tang, DH Lee, Y Zhou, C Ramaiah, F Feng, R Li, X Wang, D Athanasakis, J Shawe-Taylor, M Milakov, J Park, R Ionescu, M Popescu, C Grozea, J Bergstra, J Xie, L Romaszko, B Xu, Z Chuang, and Y. Bengio. arXiv 2013. Site of the competition http://deeplearning.net/icml2013-workshop-competition.
2. *Affective Computing*, Rosalind Picard. MIT Technical Report #32, 1995 http://affect.media.mit.edu/pdfs/95.picard.pdf.
3. Batch Normalization: Accelerating Deep Network Training by Reducing Internal Covariate Shift. Sergey Ioffe, Christian Szegedy, 2015.

第10章

自然语言处理

　　语言是人们日常生活中不可或缺的一部分，是人与人之间交流思想的自然方式。对于人类而言，理解母语是很容易的，但对于计算机来说，却是很难的。由于可收集大量文本和音频记录，因此互联网彻底改变了语言科学。由语言学、计算机科学和机器学习交叉形成的学科领域称为自然语言处理（NLP）。

　　本章将介绍与移动开发相关的自然语言处理方面的基本概念和应用。在此将讨论 iOS 和 macOS 中 SDK 所提供的用于语言处理的强大工具。另外，还将学习分布语义理论及其具体体现的词向量表示。由此可以用计算机熟悉的格式（数字形式）来表征语句含义。基于向量表示，将从零开始构建一个聊天机器人来玩文字联想游戏。

　　本章的主要内容包括：

- 什么是自然语言处理（NLP）。
- Python 库——NLTK 和 Gensim。
- iOS 的 NLP 工具——NSRegularExpression、NSDataDetector、NSLinguisticTagger、语音框架和 UIReferenceLibraryViewController。
- macOS 的 NLP 工具——LatentSemanticMapping。
- 如何执行标记分割、词形还原和词性标注。
- 什么是词向量表示。
- 如何生成词嵌入矩阵。
- 如何在 iOS 上使用 Word2Vec 模型。
- 如何从头构建一个聊天机器人。

10.1　移动开发领域中的 NLP

　　通常，自然语言处理专家需处理语料库中的大量原始文本。相关的算法会消耗大量资源且往往包含许多人工规则启发。所有这些都似乎不适用于移动应用程序，因为程序中的每兆字节或每秒帧数都很重要。尽管存在这些障碍，但自然语言处理仍在移动平台上得到了广泛应用，通常是与服务器后端紧密集成来完成海量计算。下面列出了许多移动应用程序中常见的自然语言处理功能：

- 聊天机器人。
- 垃圾邮件过滤。
- 自动翻译。
- 情感分析。
- 语音 – 文本和文本 – 语音。
- 自动拼写和语法纠正。
- 自动补全。
- 键盘输入提示。

直到最近，除了最后两个任务之外，几乎所有任务都是在服务器端完成的，但随着移动计算能量的不断增长，更多的应用程序都逐渐倾向于在客户端本地处理（至少是部分工作）。在提及移动设备上的自然语言处理时，大多情况下都会涉及用户隐私信息的处理：消息、信件、便签和类似文本。因此，安全问题不容小觑。若在技术方案中去除服务器，则会显著降低用户数据泄露的风险。在本章中，除了讨论常见的处理技巧和常用的自然语言处理工具之外，还将分析 Apple 公司在 iOS SDK 中提供的解决方案。此外，继续探讨神经网络，并教 6 个聊天机器人玩文字联想游戏。每个机器人都各有特性且均在设备上运行。每个模型平均都不会超过 3MB，见图 10.1。

图 10.1 应用程序中的每个聊天机器人都有鲜明个性

10.2 文字联想游戏

许多人可能在小时候都玩过这个游戏。规则很简单：

- 首先对方给出一个词。

```
do while(true) {
```

- 然后自己说出脑海中第一时刻联想到的一个词。
- 对方再根据该词给出联想到的一个词。

例如，狗→猫→宠物→玩具→婴儿→女孩→婚礼→蜜月→……。在游戏中，会表现出双方的生活经历和思维方式；或许这就是为何在小时候可以玩上几个小时的原因。不同的人对同一个词都有不同的联想，而且这些联想往往会产生完全不可预料的结果。一个多世纪以来，心理学家们一直在研究这种联想序列问题，希望能从中找到解开意识和潜意识奥秘的钥匙。那么能编程实现这样一种人工智能游戏吗？也许你会认为这需要一个人工实现的关联数据库。但如果让人工智能体具有多种个性呢？鉴于机器学习，这完全是有可能的，甚至无须人工编制数据库。在下图中，给出了马克·吐温和本杰明·富兰克林两种角色的两次游戏的结果，见图 10.2。

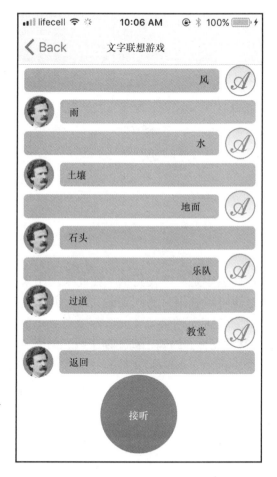

图 10.2　与历史人物玩文字联想游戏

如果还不熟悉这个游戏，请访问维基百科来全面了解该游戏：https://en. wikipedia. org/wiki/Word_Association。

10.3　Python NLP 库

本章将会用到的两个 Python 库是自然语言工具包（NLTK）和 Gensim。前者用于文本预处理，后者用于训练机器学习模型。要安装这两个库，需激活 Python 虚拟环境：

```
> cd ~
> virtualenv swift-ml-book
```

并运行 pip install：

```
> pip install -U nltk gensim
```

相关内容可参见官方网站，连接如下：

- NLTK, http://www.nltk.org/。
- Gensim, https://radimrehurek.com/gensim/。

Python 编写的用于 NLP 的其他常用库：

- TextBlob, https://textblob.readthedocs.io/en/dev/
- Stanford's CoreNLP, https://stanfordnlp.github.io/CoreNLP/
- SpaCy, https://spacy.io/

10.4　文本语料

对于本章的 NLP 实验，需要一些相当大的文本。由于是公开发行的，在此采用了来自 Gutenberg 项目的经典作家和政治家作品全集，不过也可以利用自己找到的文本，并在此基础上来训练模型。如果是使用与本书相同的文本，那么这收录在本章 Corpuses 文件夹下的补充材料中。其中包括了 5 个名人的作品：本杰明·富兰克林、约翰·高尔斯华绥、马克·吐温、威廉·莎士比亚和温斯顿·丘吉尔。新建一个 Jupyter notebook 文件，并加载马克·吐温的语料库作为一个长字符串：

```
import zipfile
zip_ref = zipfile.ZipFile('Corpuses.zip', 'r')
zip_ref.extractall('')
zip_ref.close()
In [1]:

import codecs
In [2]:
one_long_string = ""
with codecs.open('Corpuses/MarkTwain.txt', 'r', 'utf-8-sig') as text_file:
    one_long_string = text_file.read()
In [3]:
one_long_string[99000:99900]
Out[3]:
```

u"size, very elegantly wrought and dressed in the fancifulrncostumes of two
centuries ago. The design was a history of something or somebody, but none
of us were learned enough to read the story. The old father, reposing under
a stone close by, dated 1686, might have told usrnif he could have risen.
But he didn't.rnrnAs we came down through the town we encountered a squad
of little donkeysrnready saddled for use. The saddles were peculiar, to say
the least.rnThey consisted of a sort of saw-buck with a small mattress on
it, andrnthis furniture covered about half the donkey. There were no
stirrups,rnbut really such supports were not needed--to use such a saddle
was thernnext thing to riding a dinner table--there was ample support clear
out tornone's knee joints. A pack of ragged Portuguese muleteers crowded
aroundrnus, offering their beasts at half a dollar an hour--more rascality
to"

10. 5　常用 NLP 方法和子任务

大多数程序设计人员都熟悉处理自然语言的最简单方法：正则表达式。对于不同的编程语言，各种正则表达式的实现方法在细节上有所不同。正是由于这些细节差异，不同平台上的同一正则表达式可能会生成不同的结果，或压根不起作用。最常用的两个标准是 POSIX 和 Perl。然而，基于 ICUC + + 库，基础框架都包含各自版本的正则表达式。这是针对 Unicode 字符串的 POSIX 标准的扩展。

为何要在此讨论正则表达式呢？因为正则表达式是一个关于自然语言处理专家称为启发式（人工编制规则的特殊解决方案）的很好示例，以一种考虑所有异常和变化的方式来描述一种复杂结构。复杂的启发式方法需要掌握扎实的专业领域知识才能创建。只有在无法通过启发式方法描述所有复杂性时，才会诉诸机器学习。虽然启发式方法鲁棒性低且实现成本高，但不一定出错；与机器学习不同，启发式方法是确定性的，且易于测试的。

启发式方法和机器学习是实现自然语言处理的两大利器。大型的自然语言处理任务通常是由较小的任务组成的。要进行语法纠正，必须执行将文本拆分为语句，将语句拆分为单词，然后确定这些语句中的词性等任务。在本例的文本语料库预处理中，将会执行以下几个任务：语句分割、单词分割、词干提取和删除停止词。

10. 5. 1　标记分割

语言学中的标记不同于传统意义上的授权令牌。这是语言单位：单词是标记，数字和标点符号是标记，语句也是标记。换句话说，这些都是信息或含义的离散段。标记分割是将文本分割成词汇标记的过程。语句分词器可将文本分割为语句，单词分割器是将文本进一步分割为单独的单词、标点符号等。该任务看起来很简单（其中包含一种正则表达式!），但其实这只是一种假象。以下是需要考虑的几个问题：

- 如何根据连字符或撇号来分割单词，如 New York – based 或 you' re。
- 如何分割网址和电子邮件，如 My ＿ mail@ examplewebsite. com。
- 如何处理表情符号，如 (ʿ ˚ □ ˚)ʿ ～▄一▄!

- 如何处理由多个单词组成一个正常长词的语言，如一个德国人名字是 siebenhundert-siebenundsiebzigtausendsiebenhundertsiebenundsiebzig。另外，一个数字是 777777。
- 如何处理不存在空格的语言（中文和泰语）。

好在现有针对不同语言的多种标记分割实现，其中包括 NLTK Python 库和 Apple 公司的 NSLinguisticTagger：

```
In [4]:
from nltk import word_tokenize, sent_tokenize
In [5]:
sentences = sent_tokenize(one_long_string)
del(one_long_string)
In [6]:
sentences[200:205]
Out[6]:
[u'Ah, if I had only known then that he was only a common mortal, and
thatrnhis mission had nothing more overpowering about it than the
collecting ofrnseeds and uncommon yams and extraordinary cabbages and
peculiar bullfrogsrnfor that poor, useless, innocent, mildewed old fossil
the SmithsonianrnInstitute, I would have felt so much relieved.',
 u'During that memorable month I basked in the happiness of being for
oncernin my life drifting with the tide of a great popular movement.',
 u'Everybodyrnwas going to Europe--I, too, was going to Europe.',
 u'Everybody was going tornthe famous Paris Exposition--I, too, was going
to the Paris Exposition.',
 u'The steamship lines were carrying Americans out of the various ports
ofrnthe country at the rate of four or five thousand a week in the
aggregate.']
In [7]:
tokenized_sentences = map(word_tokenize, sentences)
del(sentences)
In [8]:
print(tokenized_sentences[200:205])
[[u'Ah', u',', u'if', u'I', u'had', u'only', u'known', u'then', u'that',
u'he', u'was', u'only', u'a', u'common', u'mortal', u',', u'and', u'that',
u'his', u'mission', u'had', u'nothing', u'more', u'overpowering', u'about',
u'it', u'than', u'the', u'collecting', u'of', u'seeds', u'and',
u'uncommon', u'yams', u'and', u'extraordinary', u'cabbages', u'and',
u'peculiar', u'bullfrogs', u'for', u'that', u'poor', u',', u'useless',
u',', u'innocent', u',', u'mildewed', u'old', u'fossil', u'the',
u'Smithsonian', u'Institute', u',', u'I', u'would', u'have', u'felt',
u'so', u'much', u'relieved', u'.'], [u'During', u'that', u'memorable',
u'month', u'I', u'basked', u'in', u'the', u'happiness', u'of', u'being',
u'for', u'once', u'in', u'my', u'life', u'drifting', u'with', u'the',
u'tide', u'of', u'a', u'great', u'popular', u'movement', u'.'],
[u'Everybody', u'was', u'going', u'to', u'Europe', u'--', u'I', u',',
u'too', u',', u'was', u'going', u'to', u'Europe', u'.'], [u'Everybody',
u'was', u'going', u'to', u'the', u'famous', u'Paris', u'Exposition', u'--',
u'I', u',', u'too', u',', u'was', u'going', u'to', u'the', u'Paris',
u'Exposition', u'.'], [u'The', u'steamship', u'lines', u'were',
u'carrying', u'Americans', u'out', u'of', u'the', u'various', u'ports',
u'of', u'the', u'country', u'at', u'the', u'rate', u'of', u'four', u'or',
```

```
u'five', u'thousand', u'a', u'week', u'in', u'the', u'aggregate', u'.']]
In [9]:
from nltk import download
In [10]:
download('stopwords')
[nltk_data] Downloading package stopwords to
[nltk_data]     /Users/Oleksandr/nltk_data...
[nltk_data]   Package stopwords is already up-to-date!
Out[10]:
True
In [11]:
from nltk.stem import WordNetLemmatizer
In [12]:
wordnet_lemmatizer = WordNetLemmatizer()

In [13]:
lemmatized_sentences = map(lambda sentence:
map(wordnet_lemmatizer.lemmatize, sentence), tokenized_sentences)
In [14]:
print(lemmatized_sentences[200:205])
[[u'Ah', u',', u'if', u'I', u'had', u'only', u'known', u'then', u'that',
u'he', u'wa', u'only', u'a', u'common', u'mortal', u',', u'and', u'that',
u'his', u'mission', u'had', u'nothing', u'more', u'overpowering', u'about',
u'it', u'than', u'the', u'collecting', u'of', u'seed', u'and', u'uncommon',
u'yam', u'and', u'extraordinary', u'cabbage', u'and', u'peculiar',
u'bullfrog', u'for', u'that', u'poor', u',', u'useless', u',', u'innocent',
u',', u'mildewed', u'old', u'fossil', u'the', u'Smithsonian', u'Institute',
u',', u'I', u'would', u'have', u'felt', u'so', u'much', u'relieved', u'.'],
[u'During', u'that', u'memorable', u'month', u'I', u'basked', u'in',
u'the', u'happiness', u'of', u'being', u'for', u'once', u'in', u'my',
u'life', u'drifting', u'with', u'the', u'tide', u'of', u'a', u'great',
u'popular', u'movement', u'.'], [u'Everybody', u'wa', u'going', u'to',
u'Europe', u'--', u'I', u',', u'too', u',', u'wa', u'going', u'to',
u'Europe', u'.'], [u'Everybody', u'wa', u'going', u'to', u'the', u'famous',
u'Paris', u'Exposition', u'--', u'I', u',', u'too', u',', u'wa', u'going',
u'to', u'the', u'Paris', u'Exposition', u'.'], [u'The', u'steamship',
u'line', u'were', u'carrying', u'Americans', u'out', u'of', u'the',
u'various', u'port', u'of', u'the', u'country', u'at', u'the', u'rate',
u'of', u'four', u'or', u'five', u'thousand', u'a', u'week', u'in', u'the',
u'aggregate', u'.']]
In [15]:
del(tokenized_sentences)
```

10.5.2 词干提取

词干提取是将单词还原为词干的过程。主要思想是相关的单词通常可还原为一个共同词干。

如：（white、whitening、whitish、whiter）→ whit。

比如，这可以用于扩展用户查询。但在有些情况下可能会很棘手，如英语中的 man 和 men，爱尔兰语种的 bhean = woman 和 mna = women，或甚至更极端的英语 am、is、are、was、 were 和 been。对于英语，现已有多种常用的词干提取器。

10.5.3　词形还原

这是一种比词干提取更先进的方法。无需将单词缩减为词干，词形还原是将每个单词与其词元（词典中的形式）进行比较。这对于波兰语之类的语言尤其有效，在波兰语中，一个动词动辄就有 220 个不同的语法形式，且大多数还拼写不同，相关内容可见链接 http://wsjp.pl/do_druku.php?id_hasla=34745id_znaczenia=0。

这种方法的主要的问题是同形同音异义词。

10.5.4　词性标注

NLTK 是利用预训练的机器学习模型（平均感知机）来进行词性（POS）标注的。这项任务对于英语来说尤其困难，因为与许多其他语言不同，英语中的同一个单词可以根据上下文而发挥不同词性的作用。

```
In [16]:
from nltk import download
In [17]:
download('averaged_perceptron_tagger')
[nltk_data] Downloading package averaged_perceptron_tagger to
[nltk_data]     /Users/Oleksandr/nltk_data...
[nltk_data]   Package averaged_perceptron_tagger is already up-to-
[nltk_data]       date!
Out[17]:
True
In [18]:
from nltk import pos_tag, pos_tag_sents
In [19]:
pos_tag(word_tokenize('Cats, cat, Cat, and "The Cats"'))
Out[19]:
[('Cats', 'NNS'),
 (',', ','),
 ('cat', 'NN'),
 (',', ','),
 ('Cat', 'NNP'),
 (',', ','),
 ('and', 'CC'),
 ('``', '``'),
 ('The', 'DT'),
 ('Cats', 'NNP'),
 ("''", "''")]
In [20]:
pos_sentences = pos_tag_sents(lemmatized_sentences)
del(lemmatized_sentences)
In [21]:
print(pos_sentences[200:205])
[[(u'Ah', 'NNP'), (u',', ','), (u'if', 'IN'), (u'I', 'PRP'), (u'had',
```

```
'VBD'), (u'only', 'RB'), (u'known', 'VBN'), (u'then', 'RB'), (u'that',
'IN'), (u'he', 'PRP'), (u'wa', 'VBZ'), (u'only', 'RB'), (u'a', 'DT'),
(u'common', 'JJ'), (u'mortal', 'NN'), (u',', ','), (u'and', 'CC'),
(u'that', 'IN'), (u'his', 'PRP$'), (u'mission', 'NN'), (u'had', 'VBD'),
(u'nothing', 'NN'), (u'more', 'RBR'), (u'overpowering', 'VBG'), (u'about',
'IN'), (u'it', 'PRP'), (u'than', 'IN'), (u'the', 'DT'), (u'collecting',
'NN'), (u'of', 'IN'), (u'seed', 'NN'), (u'and', 'CC'), (u'uncommon', 'JJ'),
(u'yam', 'NN'), (u'and', 'CC'), (u'extraordinary', 'JJ'), (u'cabbage',
'NN'), (u'and', 'CC'), (u'peculiar', 'JJ'), (u'bullfrog', 'NN'), (u'for',
'IN'), (u'that', 'DT'), (u'poor', 'JJ'), (u',', ','), (u'useless', 'JJ'),
(u',', ','), (u'innocent', 'JJ'), (u',', ','), (u'mildewed', 'VBD'),
(u'old', 'JJ'), (u'fossil', 'NN'), (u'the', 'DT'), (u'Smithsonian', 'NNP'),
(u'Institute', 'NNP'), (u',', ','), (u'I', 'PRP'), (u'would', 'MD'),
(u'have', 'VB'), (u'felt', 'VBN'), (u'so', 'RB'), (u'much', 'JJ'),
(u'relieved', 'NN'), (u'.', '.')], [(u'During', 'IN'), (u'that', 'DT'),
(u'memorable', 'JJ'), (u'month', 'NN'), (u'I', 'PRP'), (u'basked', 'VBD'),
(u'in', 'IN'), (u'the', 'DT'), (u'happiness', 'NN'), (u'of', 'IN'),
(u'being', 'VBG'), (u'for', 'IN'), (u'once', 'RB'), (u'in', 'IN'), (u'my',
'PRP$'), (u'life', 'NN'), (u'drifting', 'VBG'), (u'with', 'IN'), (u'the',
'DT'), (u'tide', 'NN'), (u'of', 'IN'), (u'a', 'DT'), (u'great', 'JJ'),
(u'popular', 'JJ'), (u'movement', 'NN'), (u'.', '.')], [(u'Everybody',
'NN'), (u'wa', 'VBZ'), (u'going', 'VBG'), (u'to', 'TO'), (u'Europe',
'NNP'), (u'--', ':'), (u'I', 'PRP'), (u',', ','), (u'too', 'RB'), (u',',
','), (u'wa', 'VBZ'), (u'going', 'VBG'), (u'to', 'TO'), (u'Europe', 'NNP'),
(u'.', '.')], [(u'Everybody', 'NN'), (u'wa', 'VBZ'), (u'going', 'VBG'),
(u'to', 'TO'), (u'the', 'DT'), (u'famous', 'JJ'), (u'Paris', 'NNP'),
(u'Exposition', 'NNP'), (u'--', ':'), (u'I', 'PRP'), (u',', ','), (u'too',
'RB'), (u',', ','), (u'wa', 'VBZ'), (u'going', 'VBG'), (u'to', 'TO'),
(u'the', 'DT'), (u'Paris', 'NNP'), (u'Exposition', 'NNP'), (u'.', '.')],
[(u'The', 'DT'), (u'steamship', 'NN'), (u'line', 'NN'), (u'were', 'VBD'),
(u'carrying', 'VBG'), (u'Americans', 'NNPS'), (u'out', 'IN'), (u'of',
'IN'), (u'the', 'DT'), (u'various', 'JJ'), (u'port', 'NN'), (u'of', 'IN'),
(u'the', 'DT'), (u'country', 'NN'), (u'at', 'IN'), (u'the', 'DT'),
(u'rate', 'NN'), (u'of', 'IN'), (u'four', 'CD'), (u'or', 'CC'), (u'five',
'CD'), (u'thousand', 'NNS'), (u'a', 'DT'), (u'week', 'NN'), (u'in', 'IN'),
(u'the', 'DT'), (u'aggregate', 'NN'), (u'.', '.')]]
In [22]:
download('tagsets')
[nltk_data] Downloading package tagsets to
[nltk_data]     /Users/Oleksandr/nltk_data...
[nltk_data]   Package tagsets is already up-to-date!
Out[22]:
True
In [23]:
from nltk.help import upenn_tagset
In [24]:
upenn_tagset()
```

在 NLTK 文档中给出了完整的标记列表，见链接：https://www.ling.upenn.edu/courses/Fall_2003/ling001/penn_treebank_pos.html。在此，仅举例说明对于目标非常重要的词性。

形容词：

```
JJ: adjective or numeral, ordinal
third ill-mannered pre-war regrettable oiled calamitous first
JJR: adjective, comparative
JJS: adjective, superlative
```

名词：
```
NN: noun, common, singular or mass
common-carrier cabbage knuckle-duster Casino afghan shed
NNP: noun, proper, singular
Conchita Escobar Kreisler Sawyer CTCA Shannon A.K.C. Liverpool
NNPS: noun, proper, plural
Americans Americas Anarcho-Syndicalists Andalusians Andes
NNS: noun, common, plural
```

副词：
```
RB: adverb
occasionally unabatingly maddeningly adventurously swiftly
RBR: adverb, comparative
RBS: adverb, superlative
```

感叹词：
```
UH: interjection
Goodbye Wow Hey Oops amen huh uh anyways honey man baby hush
```

动词：
```
VB: verb, base form
ask assemble assess assign assume avoid bake balkanize begin
VBD: verb, past tense
VBG: verb, present participle or gerund
VBN: verb, past participle
VBP: verb, present tense, not 3rd person singular
VBZ: verb, present tense, 3rd person singular
```

10.5.5　命名实体识别

注意：（u'Paris', 'NNP'），（u'Exposition', 'NNP'），（u'Americans, NNPS）。其中 NNP 代表专有名词，NNPS 是专有名词复数。在此，需要去除非专有名词与标点符号和数字中的所有大写字母。

```
In [25]:
# tags_to_delete = ['$', "'", "(", ")", ",", "--", ".", ":", "CC"]
tags_to_not_lowercase = set(['NNP', 'NNPS'])
tags_to_preserve = set(['JJ', 'JJR', 'JJS', 'NN', 'NNP', 'NNPS', 'NNS',
'RB', 'RBR', 'RBS','UH', 'VB', 'VBD', 'VBG', 'VBN', 'VBP', 'VBZ'])
In [26]:
print(pos_sentences[203])
[(u'Everybody', 'NN'), (u'wa', 'VBZ'), (u'going', 'VBG'), (u'to', 'TO'),
(u'the', 'DT'), (u'famous', 'JJ'), (u'Paris', 'NNP'), (u'Exposition',
'NNP'), (u'--', ':'), (u'I', 'PRP'), (u',', ','), (u'too', 'RB'), (u',',
','), (u'wa', 'VBZ'), (u'going', 'VBG'), (u'to', 'TO'), (u'the', 'DT'),
(u'Paris', 'NNP'), (u'Exposition', 'NNP'), (u'.', '.')]
In [27]:
```

```
def carefully_lowercase(words):
    return [(word.lower(), pos) if pos not in tags_to_not_lowercase else
(word, pos)
            for (word, pos) in words]
In [28]:
def filter_meaningful(words):
    return [word for (word, pos) in words if pos in tags_to_preserve]
In [29]:
res = map(carefully_lowercase, pos_sentences[203:205])
print(res)
[[(u'everybody', 'NN'), (u'wa', 'VBZ'), (u'going', 'VBG'), (u'to', 'TO'),
(u'the', 'DT'), (u'famous', 'JJ'), (u'Paris', 'NNP'), (u'Exposition',
'NNP'), (u'--', ':'), (u'i', 'PRP'), (u',', ','), (u'too', 'RB'), (u',',
','), (u'wa', 'VBZ'), (u'going', 'VBG'), (u'to', 'TO'), (u'the', 'DT'),
(u'Paris', 'NNP'), (u'Exposition', 'NNP'), (u'.', '.')], [(u'the', 'DT'),
(u'steamship', 'NN'), (u'line', 'NN'), (u'were', 'VBD'), (u'carrying',
'VBG'), (u'Americans', 'NNPS'), (u'out', 'IN'), (u'of', 'IN'), (u'the',
'DT'), (u'various', 'JJ'), (u'port', 'NN'), (u'of', 'IN'), (u'the', 'DT'),
(u'country', 'NN'), (u'at', 'IN'), (u'the', 'DT'), (u'rate', 'NN'), (u'of',
'IN'), (u'four', 'CD'), (u'or', 'CC'), (u'five', 'CD'), (u'thousand',
'NNS'), (u'a', 'DT'), (u'week', 'NN'), (u'in', 'IN'), (u'the', 'DT'),
(u'aggregate', 'NN'), (u'.', '.')]]
In [30]:
filtered = map(filter_meaningful, res)
del(res)
print(filtered)
[[u'everybody', u'wa', u'going', u'famous', u'Paris', u'Exposition',
u'too', u'wa', u'going', u'Paris', u'Exposition'], [u'steamship', u'line',
u'were', u'carrying', u'Americans', u'various', u'port', u'country',
u'rate', u'thousand', u'week', u'aggregate']]
In [31]:
lowercased_pos_sentences = map(carefully_lowercase,  pos_sentences)
del(pos_sentences)
```

10.5.6　删除停止词和标点符号

　　停止词是那些不会为语句增添太多信息的单词。例如，上句话可缩短为：停止词不会添加有用信息语句。尽管看似不像是一句地道的语句，但一旦看到这句话，还是会明白这是什么意思。这就是为什么在许多情况下，可以直接忽略这些词而使得模型更简单些。停止词通常是自然文本中最常见的词。对于英语而言，nltk. corpus. stopwords 中给出了停止词列表：

```
In [32]:
sentences_to_train_on = map(lambda words: [word for (word, pos) in words],
lowercased_pos_sentences)
In [33]:
print(sentences_to_train_on[203:205])
[[u'everybody', u'wa', u'going', u'to', u'the', u'famous', u'Paris',
u'Exposition', u'--', u'i', u',', u'too', u',', u'wa', u'going', u'to',
u'the', u'Paris', u'Exposition', u'.'], [u'the', u'steamship', u'line',
u'were', u'carrying', u'Americans', u'out', u'of', u'the', u'various',
```

```
u'port', u'of', u'the', u'country', u'at', u'the', u'rate', u'of', u'four',
u'or', u'five', u'thousand', u'a', u'week', u'in', u'the', u'aggregate',
u'.']]
In [34]:
import itertools
In [35]:
filtered = map(filter_meaningful, lowercased_pos_sentences)
flatten = list(itertools.chain(*filtered))
words_to_keep = set(flatten)
In [36]:
del(filtered, flatten, lowercased_pos_sentences)
In [37]:
from nltk.corpus import stopwords
import string
In [38]:
stop_words = set(stopwords.words('english') + list(string.punctuation) +
['wa'])
```

10.6　分布式语义假设

很难辨别"理解文本含义"是什么意思，但每个人都会认为可以领会这句话的意思，而计算机却不能。自然语言理解是人工智能领域中的一个难题。如何领会句子的语义。

从传统意义上，有两种完全相反的方法来解决该问题。第一种是：从单词的定义着手，直接编码单词间的关系，然后确定语句结构。如果有足够耐心，大概最终会得到一个复杂的模型，其包含足够的专家知识来解析一些自然现象并生成有意义的答案。不过，你很快会发现对于一门新的语言，又需要重新开始刚才的步骤。

这就是为何许多研究人员都采用另一种方法的原因：统计方法。在该方法中，首先提供大量的文本数据，让计算机分析出文本的含义。分布式语义假设是指语句中某个特定单词的含义并不是由单词本身定义的，而是由出现该单词的所有上下文确定的。维基百科对此给出了更为正式的解释：

"具有相似分布的语言项也具有相似的含义。"

接下来趁热打铁！在下一节中，我们将讨论一个让人刮目相看的算法。本人在第一次看到该算法时，曾花了好几个晚上来研究。首先，对这一算法输入了大量不同文本，从电影评论数据集到古希腊的新约和伏尼契未公开的手稿。这看似有些疯狂和不可思议。但该算法能够从原始文本中领会每个单词和整个句子的含义，即便是早已失传的语言。这是本人第一次感觉到，**计算机似乎超越了处理海量文本和理解人类所写文本意义之间的界限。**

10.7　词向量表示

分布式语义是将单词表示为含义空间中的向量。在该空间内，具有相似含义的词所对应的向量应彼此接近。然而，如何构建这种向量并不是一个简单问题。最简单的方法是对每个单词构建一个独热向量，但这会导致这些向量稀疏且庞大，即每个向量的长度都等同于词汇表中的单词个数。因此，需通过类似自编码器的架构来进行降维。

10.8　自编码器神经网络

　　自编码器是一种神经网络，其目标是生成与输入相同的输出，见图 10.3。例如，如果输入的是一幅图片，则应在输出端返回相同的图片。这似乎并不复杂！但诀窍是其特殊的架构——内层的神经元要少于输入层和输出层的，因此会造成中间层是一个极端瓶颈层。在瓶颈层之前的层称为编码器，而瓶颈层之后的层称为解码器网络。编码器是将输入转换为某种内部表示，然后由解码器将数据还原为原始形式。在训练过程中，网络必须学会如何最有效地压缩输入数据，然后在尽可能少的信息丢失情况下解压缩。这种架构也可用于以期望形式改变输入数据来训练神经网络。例如，自编码器现已成功用于去除图像中的噪声。

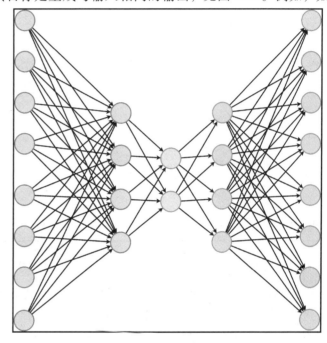

图 10.3　自编码器神经网络架构

　　自编码器神经网络是一个所谓的表示学习的示例。介于监督学习和无监督学习之间。

　　图 10.3 中，左侧的层是编码器部分，中间的层是瓶颈层，而右侧的层是解码器。图中的网络是一个全连接的网络（每层的各个神经元都连接到下一层的神经元）；然而，这并不是自编码器的唯一形式。

10.9　Word2Vec

　　Word2Vec 是一种基于神经网络的单词嵌入生成有效算法，见图 10.4。最初是由 Mikolov 等人在 *Distributed Representations of Words and Phrases and their Compositionality*（单词和短语的分布式表示及其组合性）（2013）一文中提出的。https://code.google.com/archive/p/

word2vec/ 上提供了命令行应用程序形式的最初 C 语言实现方法。

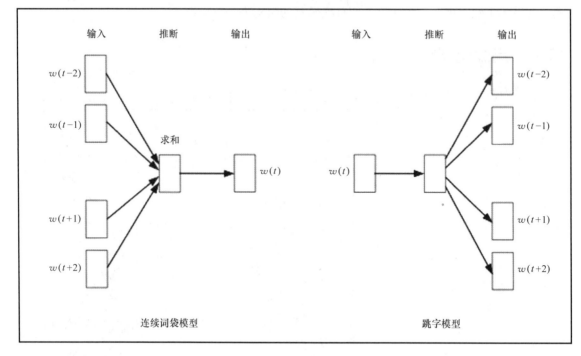

图 10.4 Word2Vec 架构

Word2Vec 通常是作为深度学习的一个实例，但其实质上是一个浅层网络：深度只有三层。这种误解可能与其广泛应用于 NLP 以提高深度网络效率有关。Word2Vec 架构类似于自编码器。神经网络的输入是一个足够大的文本语料库，输出是一个向量列表（数字数组），且语料库中的每个单词对应一个向量。算法利用每个单词的上下文来编码共现单词的向量信息。因此，这些向量具有某些特殊属性，意义相近的单词，其对应的向量也彼此接近。虽然无法从数学上计算词义之间的精确距离，但计算两个向量之间的相似度是没有任何问题的。这就是为何这一将单词转换成向量的算法如此重要的原因，见图 10.5。例如，利用余弦相似度度量，可以找到最接近猫的单词：

- 鸟：0.760521。
- 牛：0.766533。
- 狗：0.831517。
- 老鼠：0.748557。
- 金发：0.763721。
- 猪：0.751001。
- 山羊：0.798104。
- 仓鼠：0.768635。
- 蜜蜂：0.774112。

● 羊驼：0.747295。

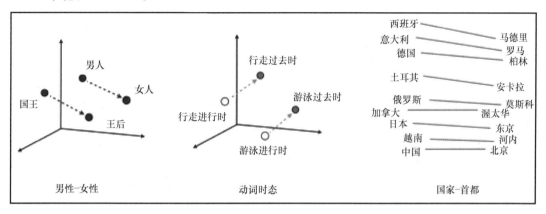

图 10.5　利用 Word2Vec 确定单词之间关系的示例

　　另外，还可以加、减和投影向量。有趣的是，这些运算会产生一些非常有意义的结果，例如，国王 – 男人 + 女人 = 王后，狗 – 男人 + 女人 = 猫等。另外，正如上一示例中所述的，算法可以非常精确地确定所有原型，见图 10.6。

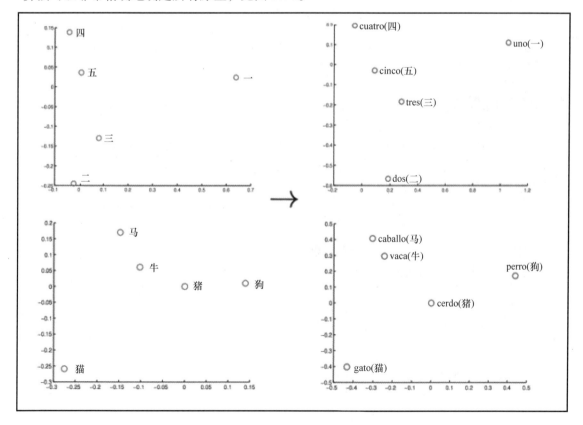

图 10.6　在不同语言中，单词在向量空间中的分布具有相似性

Word2Vec 不仅可用于自然文本，还可用于任何上下文相关的离散状态序列，如播放列表、DNA、源代码等。

10.10　Gensim 中的 Word2Vec

在 iOS 设备上运行 Word2Vec 算法没有任何意义，因为在应用程序中，只需要其生成的向量。要运行 Word2Vec，在此采用了 Python NLP 软件包——Genism。该库常用于主题建模，其中包含一个具有良好 API 的 Word2Vec 快速实现方法。既不想在手机上加载大量文本语料，也不想在 iOS 设备上训练 Word2Vec，因此可利用 Gensim 中的 Python 库来学习向量表示。接下来，需要进行一些预处理（去除除名词之外的所有内容），并将该数据库植入 iOS 应用程序，代码如下：

```
In [39]:
import gensim
In [40]:
def trim_rule(word, count, min_count):
    if word not in words_to_keep or word in stop_words:
        return gensim.utils.RULE_DISCARD
    else:
        return gensim.utils.RULE_DEFAULT
In [41]:
model = gensim.models.Word2Vec(sentences_to_train_on, min_count=15,
trim_rule=trim_rule)
```

10.11　向量空间特性

"疯帽子听到后，睁大眼睛说道：'乌鸦为什么像一张写字台呢？''好吧，那我们现在就做个游戏吧！'爱丽丝心想。'我很高兴他们还是问谜语了。我相信我能猜到'她大声说道。'你是说你认为能猜到答案？'三月兔说道。"

Lewis Carroll，《爱丽丝梦游仙境》

为什么乌鸦像写字台？借助于分布式语义和单词向量表示，可帮助爱丽丝解开疯帽子之谜（以一种数学上的精确方式），即

```
In [42]:
model.most_similar('house', topn=5)
Out[42]:
[(u'camp', 0.8188982009887695),
 (u'cabin', 0.8176383972167969),
 (u'town', 0.7998955845832825),
 (u'room', 0.7963996529579163),
 (u'street', 0.7951667308807373)]
In [43]:
model.most_similar('America', topn=5)
```

```
Out[43]:
[(u'India', 0.8678370714187622),
 (u'Europe', 0.8501001596450806),
 (u'number', 0.8464810848236084),
 (u'member', 0.8352445363998413),
 (u'date', 0.8332008123397827)]
In [44]:
model.most_similar('water', topn=5)
Out[44]:
[(u'bottom', 0.9041773676872253),
 (u'sand', 0.9032160639762878),
 (u'mud', 0.8798269033432007),
 (u'level', 0.8781479597091675),
 (u'rock', 0.8766734600067139)]
In [45]:
model.most_similar('money', topn=5)
Out[45]:
[(u'pay', 0.8744806051254272),
 (u'sell', 0.8554744720458984),
 (u'stock', 0.8477637767791748),
 (u'bill', 0.8445131182670593),
 (u'buy', 0.8271161913871765)]
In [46]:
model.most_similar('cat', topn=5)
Out[46]:
[(u'dog', 0.836624026298523),
 (u'wear', 0.8159085512161255),
 (u'cow', 0.7607206106185913),
 (u'like', 0.7499277591705322),
 (u'bird', 0.7386394739151001)]
```

10.12　iOS 应用程序

要在 iOS 应用程序中使用向量，必须以二进制格式导出向量：

```
In [47]:
model.wv.save_word2vec_format(fname='MarkTwain.bin', binary=True)
```

上述二进制文件包含了相同长度的单词及其嵌入向量。最初的 Word2Vec 算法是用 C 语言编程实现的，在此采用 C 语言版本并对代码进行修改——解析二进制文件并找到与指定单词最接近的单词。

10.12.1　聊天机器人剖析

大多数聊天机器人都看起来像是一个控制台应用程序：有一组预定义的命令，机器人会根据每个命令生成一个输出。有人甚至开玩笑说 Linux 系统中包含一个很棒的聊天机器人——控制台。但聊天机器人并非总是如此。接下来，分析如何才能让聊天机器人更有趣些。一个典型的聊天机器人是由一个或多个输入流、一个大脑和输出流组成的。输入可以是键盘、语音识别或一组预定义的短语。大脑是一种将输入转化为输出的算法的。在本例中，大脑是基于单词嵌入算法的。输出流也可能各不相同，如文本、语音、搜索结果（正如 Siri 的输出）等。

10.12.2　语音输入

具体代码如下：

```
SFSpeechRecognizer
class func requestAuthorization(_ handler: @escaping
(SFSpeechRecognizerAuthorizationStatus) -> Swift.Void)

import Speech

class VoiceRecognizer: NSObject, SFSpeechRecognizerDelegate {
static var shared = VoiceRecognizer()

private let speechRecognizer = SFSpeechRecognizer(locale:
Locale(identifier: "en-US"))!
private var recognitionRequest: SFSpeechAudioBufferRecognitionRequest?
private var recognitionTask: SFSpeechRecognitionTask?
private let audioEngine = AVAudioEngine()

public var isListening: Bool {
    return audioEngine.isRunning
}

public func stopListening() {
    self.audioEngine.stop()
    self.recognitionRequest?.endAudio()
}

public func startListening(gotResult: @escaping (String)->(), end:
@escaping ()->()) {
    speechRecognizer.delegate = self
```

如果下列代码执行，则取消上一任务：

```
    if let recognitionTask = recognitionTask {
        recognitionTask.cancel()
        self.recognitionTask = nil
    }
    do {
        let audioSession = AVAudioSession.sharedInstance()
        try audioSession.setCategory(AVAudioSessionCategoryRecord)
        try audioSession.setMode(AVAudioSessionModeMeasurement)
        try audioSession.setActive(true, with: .notifyOthersOnDeactivation)
    } catch {
        print(error)
    }
    recognitionRequest = SFSpeechAudioBufferRecognitionRequest()
    let inputNode = audioEngine.inputNode
    guard let recognitionRequest = recognitionRequest else {
fatalError("Unable to created a SFSpeechAudioBufferRecognitionRequest
object") }
```

配置请求，以便在音频录制完成之前返回结果：

```
recognitionRequest.shouldReportPartialResults = false
```

创建一个识别任务。将该识别任务存储为一种属性，以便在需要时可取消该任务：

```
    recognitionTask = speechRecognizer.recognitionTask(with:
recognitionRequest) { [weak self] result, error in
        guard let `self` = self else { return }
        var isFinal = false
        if let result = result {
            let string = result.bestTranscription.formattedString
            gotResult(string)
            isFinal = result.isFinal
        }
        if error != nil || isFinal {
            self.audioEngine.stop()
            inputNode.removeTap(onBus: 0)
            self.recognitionRequest = nil
            self.recognitionTask = nil
            end()
        }
    }
    let recordingFormat = inputNode.outputFormat(forBus: 0)
    inputNode.installTap(onBus: 0, bufferSize: 1024, format:
recordingFormat) { (buffer: AVAudioPCMBuffer, when: AVAudioTime) in
        self.recognitionRequest?.append(buffer)
    }
    audioEngine.prepare()
    do {
        try audioEngine.start()
    } catch {
        print(error)
    }
}
}
```

10.12.3　NSLinguisticTagger 及其相关

NSLinguisticTagger 是一个集语言检测、分割、词形还原、词性标注、命名实体识别等功能于一体的类。其 API 是基于传统的 Objective‐C：必须创建一个具有一些选项的实例，然后对其分配一个待分析的字符串，接下来迭代遍历由 enumerateTags（）方法得到的所有标记。对于每个标记，若在 Swift 语言下，不便返回 NSRange 对象，为此必须添加一些实用函数来将其转换为 Swift 下的取值范围：

```
extension String {
func range(from nsRange: NSRange) -> Range<String.Index>? {
    guard
        let from16 = utf16.index(utf16.startIndex, offsetBy:
nsRange.location, limitedBy: utf16.endIndex),
        let to16 = utf16.index(utf16.startIndex, offsetBy: nsRange.location
+ nsRange.length, limitedBy: utf16.endIndex),
        let from = from16.samePosition(in: self),
```

```
        let to = to16.samePosition(in: self)
        else { return nil }
    return from ..< to
}
}


struct NLPPreprocessor {

static func preprocess(inputString: String, errorCallback:
(NLPPreprocessorError)->()) -> [String] {

    let languageDetector = NSLinguisticTagger(tagSchemes: [.language],
options: 0)
    languageDetector.string = inputString
    let language = languageDetector.dominantLanguage

    if language != "en" {
    errorCallback(.nonEnglishLanguage)
    return []
}
```

这是一种可使 NSLinguisticTagger 对短句进行词形还原的变通方法：

```
    let string = inputString + ". Hello, world!"
    let tagSchemes: [NSLinguisticTagScheme] = [.tokenType, .lemma,
.lexicalClass]
    let options = NSLinguisticTagger.Options.omitPunctuation.rawValue |
NSLinguisticTagger.Options.omitWhitespace.rawValue
    let tagger = NSLinguisticTagger(tagSchemes:
NSLinguisticTagger.availableTagSchemes(forLanguage: "en"), options:
Int(options))
    tagger.string = string
    let range = NSRange(location: 0, length: string.utf16.count)
    var resultTokens = [String?]()
    let queryOptions = NSLinguisticTagger.Options(rawValue: options)
```

利用词性标注器来去除所有不能处理的单词类型：

```
    let posToPreserve: Set<NSLinguisticTag> = Set([.noun, .verb,
.adjective, .adverb, .interjection, .idiom, .otherWord])
    for scheme in tagSchemes {
        var i = 0
        tagger.enumerateTags(in: range, scheme: scheme, options:
queryOptions)
        { (tag, range1, _, _) in
            defer { i+=1 }
            guard let tag = tag else {
                // Preserve total count of tokens.
                if scheme == .tokenType { resultTokens.append(nil) }
                return
            }
            switch scheme {
            case .tokenType:
```

只保存单词，同时记录标记总个数：

```
                let token = string.substring(with: string.range(from:
range1)!)
                if tag == .word {
                    resultTokens.append(token)
                } else {
                    resultTokens.append(nil)
                }
            case .lemma:
```

若单词中包含词干，则将其保存：

```
                resultTokens[i] = tag.rawValue
            case .lexicalClass:
                // Using POS tagger to remove all word types that are not
playable.
                if !posToPreserve.contains(tag) {
                    resultTokens[i] = nil
                }
            default:
                break
            }
        }
    }
```

这又是一种可使 NSLinguisticTagger 对短句进行词形还原的变通方法：

```
    var result = resultTokens.flatMap{$0}
    print(result)
    result.removeLast()
    result.removeLast()
    return result
}
}
```

10.12.4　iOS 上的 Word2Vec

由于最初的 Word2Vec 算法是用 C 语言编程实现的，所以在此添加了一个简单的 Objective‐C 的封装程序：

```
@interface W2VDistance : NSObject

- (void)loadBinaryVectorFile:(NSURL * _Nonnull) fileURL
                    error:(NSError *_Nullable* _Nullable) error;

- (NSDictionary <NSString *, NSNumber *>  *
_Nullable)closestToWord:(NSString * _Nonnull) word
numberOfClosest:(NSNumber * _Nullable) numberOfClosest;

- (NSDictionary <NSString *, NSNumber *>  *
_Nullable)analogyToPhrase:(NSString * _Nonnull) phrase
numberOfClosest:(NSNumber * _Nullable) numberOfClosest;

@end
private func getW2VAnalogy(sentence: String) -> String? {
guard let words = word2VecProvider?.analogy(toPhrase: sentence,
```

```
numberOfClosest: 1)?.keys else {
    return nil
}
return Array(words).last
}

private func getW2VWord(word: String) -> String? {
guard let words = word2VecProvider?.closest(toWord: word, numberOfClosest:
1)?.keys else {
    return nil
}
return Array(words).last
}
```

10.12.5　文本 – 语音输出

具体代码如下：

```
import Speech

class SpeechSynthesizer: NSObject, AVSpeechSynthesizerDelegate {
static var shared = SpeechSynthesizer()

private var synthesizer = AVSpeechSynthesizer()
var voice = AVSpeechSynthesisVoice(language: "en-US")

public func prepare() {
    let dummyUtterance = AVSpeechUtterance(string: " ")
    dummyUtterance.voice = AVSpeechSynthesisVoice(language: "en-US")
    synthesizer.speak(dummyUtterance)
}

public func speakAloud(word: String) {
    if synthesizer.isSpeaking {
        synthesizer.stopSpeaking(at: .immediate)
    }
    let utterance = AVSpeechUtterance(string: word)
    utterance.rate = 0.4
    utterance.preUtteranceDelay = 0.1;
    utterance.postUtteranceDelay = 0.1;
    utterance.voice = self.voice
    synthesizer.speak(utterance)
}

public func speechSynthesizer(_ synthesizer: AVSpeechSynthesizer, didStart
utterance: AVSpeechUtterance) {

}

public func speechSynthesizer(_ synthesizer: AVSpeechSynthesizer, didFinis
utterance: AVSpeechUtterance) {
}
```

```
public func speechSynthesizer(_ synthesizer: AVSpeechSynthesizer, didCancel
utterance: AVSpeechUtterance) {
}
}
```

10. 12. 6　UIReferenceLibraryViewController

具体代码如下，并见图10.7：

```
 let hasDefinition =
UIReferenceLibraryViewController.dictionaryHasDefinition(forTerm: term)
if hasDefinition {
    let referenceController = UIReferenceLibraryViewController(term: term)
navigationController?.pushViewController(referenceController, animated:
true)
}
```

图 10.7　参考库视图控制器用户界面

10. 12. 7　集成

具体代码如下：

```
private func recognitionEnded() {
recordButton.isEnabled = true
recordButton.setTitle("Listen", for: [])
let result = self.recognitionResult

let words: [String]
if allLowercase {
    words = result.split(separator: "
```

```
").map(String.init).map{$0.lowercased()}
} else {
    words = NLPPreprocessor.preprocess(inputString: result) { error in
        messages.append(result)
        messages.append("This doesn't look like English.")
        reloadTable()
    }
}

let wordCount = words.count

var stringToPassToW2V: String
var stringToShowInUI: String
switch wordCount {
case 1:
    stringToPassToW2V = String(words.last!)
    stringToShowInUI = String(words.last!)
case 2:
    let wordPair = Array(words.suffix(2))
    stringToPassToW2V = "(wordPair[0]) (wordPair[1])"
    stringToShowInUI = "(wordPair[0]) - (wordPair[1])"
case 3...:
    let wordTriplet = Array(words.suffix(3))
    stringToPassToW2V = "(wordTriplet[0]) (wordTriplet[1])
(wordTriplet[2])"
    stringToShowInUI = "(wordTriplet[0]) - (wordTriplet[1]) +
(wordTriplet[2])"
default:
    print("Warning: wrong number of input words.")
    return
}
print(stringToPassToW2V)
messages.append(stringToShowInUI)
reloadTable()

DispatchQueue.main.async() { [weak self] in
    guard let `self` = self else { return }
    var response: String?
    if wordCount > 1 {
        response = self.getW2VAnalogy(sentence:
stringToPassToW2V)?.capitalized
    } else {
        response = self.getW2VWord(word: stringToPassToW2V)?.capitalized
    }
    if response?.isEmpty ?? true || response == "``" {
        response = "I don't know this word."
    }
//          SpeechSynthesizer.shared.speakAloud(word: response!)
    self.messages.append(response!)
    self.reloadTable()
    print(response!)
}
}
```

```
private func gotNewWord(string: String) {
recognitionResult = string
}
```

10. 13　Word2Vec 的各种相关算法

GloVe，LexvecFastText。

可替换 Word2Vec 的一种常用算法是 GloVe（全局向量）。

Doc2Vec，是对损坏文档的一种有效向量表示。参见链接：

https://openreview.net/pdf?id=B1Igu2ogg

https://github.com/mchen24/iclr2017

　　上述两种模型都是从单词的共现信息（在海量文本语料库中一起出现的频次）中学习单词的几何编码（向量）。不同之处在于 Word2Vec 是一种"预测"模型，而 GloVe 是一种"基于计数"的模型。有关这两种方法之间的详细区别，请参见论文：http://clic. cimec. unitn. it/marco。

　　预测模型学习单词向量是为了提高对损失（目标单词 | 上下文单词；向量）的预测能力，即在给定向量表示的情况下，根据上下文单词预测目标单词的损失。Word2Vec 算法是构建一个前馈神经网络，并利用 SGD（随机梯度下降）等算法进行优化。

　　基于计数的模型是通过对共现计数矩阵进行降维来学习向量。首先构造一个较大的共现信息矩阵（共现单词个数（行）×上下文单词个数（列）），即对于每个"单词"（行），计算在大型语料库的某个"上下文"（列）中出现该单词的频次。由于"上下文"本质上是各个单词的组合，因此其数量相当大。然后将该矩阵进行分解，得到一个低维矩阵（单词×特征），其中每一行针对每个单词生成一个向量表示。一般来说，这是通过最小化"重构损失"来实现的，以试图找到能够体现高维数据中大部分方差的一种低维表示。在 GloVe 的具体算法中，是通过对计数进行归一化和对数平滑来预处理计数矩阵的。从学习而得的向量表示的质量上来看，这是一种好方法。

　　然而，值得注意的是，若要控制所有的训练超参数，这两种方法生成的单词嵌入往往与在自然语言处理过程中执行的下游任务非常相似。GloVe 优于 Word2Vec 的地方是更易于并行化实现，这意味着更容易在更多的数据上进行训练，对于模型来说，这终究是有利的。

　　另一种相关技术是潜在语义分析。在 macOS 的 SDK 中将该方法实现为潜在语义映射（LSM）框架。LSM 算法的输入为文本文档（大量），计算词频向量，并对所得的向量空间进行降维。在这样的向量空间中，就可以确定之前未见文档的主题，或计算两个文档的相似程度。潜在语义映射为 macOS 中的垃圾邮件过滤、家长分级保护、汉字文本输入和帮助提供了强大功能。可利用该方法来改进文本搜索、排序、过滤、分类和检索等功能。

　　macOS 中包括命令行工具——lsm，参见链接：

http://www.extinguishedscholar.com/wpglob/?p=297

https://en.wikipedia.org/wiki/Latent_semantic_analysis

查阅 2011 年 WWDC 的主题分会 *Latent Semantic Mapping*：*Exposing the Meaning behind Words and Documents*（潜在语义映射：揭示单词和文档背后的含义），可以了解有关 API 和算法的更多详细信息，以及有关机器学习的常用建议，参见链接：

```
https://developer.apple.com/videos/play/wwdc2011/136/
```

10.14 发展趋势

单词嵌入是一个非常关键的概念，一经提出立即成为自然语言理解和其他领域的许多应用程序中不可或缺的部分。以下给出了在这一方面可能需要进一步探索的方向。

- 通过以语句向量替换单词向量，可以轻松地将文字联想游戏转换为问答系统。获取语句向量的最简单方法是将所有单词向量相加。值得注意的是，这样的语句向量仍然保留了语句的语义，从而可用于查找相似的语句。

- 通过对嵌入向量进行聚类，可以根据相似度将单词、语句和文档进行分组。

- 如上所述，Word2Vec 向量是在更复杂的自然语言处理过程中作为一个常用部件。例如，可以将这些向量馈入到神经网络或其他机器学习算法中。通过这种方式，可训练用于文本段的分类器，如识别文本情感或主题。

- Word2Vec 本身只是一种压缩算法，其对语言和说话者一无所知。可在任何类似于自然文本的场合执行该算法，可获得与下列算法同样的结果：Code2Vec、Logs2Vec、Playlist2Vec 等。

10.15 小结

为开发能够理解语音或文本输入的应用程序，我们采用了自然语言处理领域的一些方法。在此介绍了几种广泛使用的文本预处理方法：标记分割、词干提取、词形还原、词性标注、删除停止词和命名实体识别。

单词嵌入算法，主要是 Word2Vec 算法，是从分布式语义假设中得到启发的，认为单词含义主要是由上下文确定的。采用类似于自编码器的神经网络，学习文本语料库中每个单词对应的固定大小的向量。这种神经网络能够有效地理解单词的上下文并将其编码到相应的向量中。然后，根据这些向量的线性代数运算，可以发现单词之间存在的各种重要关系。例如，可找到语义相近的单词（向量之间的余弦相似度）。

下一章，我们将深入探讨机器学习相关的一些实际问题。首先概述了现有与 iOS 兼容的机器学习库。

第11章

机器学习库

本章是对现有的与 iOS 兼容的机器学习库进行概述。主要分析重要的通用机器学习库、框架和 API，以及一些特定领域的库。

本章的主要内容包括：

- iOS 开发人员可用的第三方机器学习库和 API。
- 对现有与 Swift 兼容的机器学习库及其特点的综述。
- 如何在 Swift iOS 项目中使用非 Swift 库。
- 针对 iOS 的现有底层加速库。

11.1 机器学习和人工智能 API

在应用程序中增加人工智能时，并非总是要从头编写，甚至都不需要使用库。许多云服务供应商都提供了数据处理和分析服务。几乎所有的互联网巨头都以某种形式在云端提供了机器学习。此外，市场上还有许多规模较小的公司，往往以接近成本的价格提供同等质量的服务。这些小公司的最大弱势就是通常很快就被大公司收购。从此以后，所提供的服务被合并到大公司的服务中（最好情况），或直接倒闭（最坏情况）。

这类服务的范围是不断扩展和变化的，因此在本书中没有具体分析这些服务。在此提供一份去年还存在且来年也不太可能消失的服务清单：

- **Amazon 机器学习**提供了通用的机器学习功能。详见 https://docs.aws.amazon.com/machine-learning/index.html。
- **Google 云平台**提供了通用的机器学习、计算机视觉、自然语言处理、语音识别、文本翻译等功能。详见 https://cloud.google.com/products/machine-learning/。
- **IBM Watson** 服务包括自然语言处理、文本到语音、语音到文本、计算机视觉和数据分析。详见 https://www.ibm.com/watson。
- **微软的认知服务**包括计算机视觉、语音识别、自然语言处理、搜索、机器人框架等。详见 https://azure.microsoft.com/zh-cn/services/cognitive-services/。

- 微软的 **Azure** 机器学习是一个用于训练和部署学习模型的基于云平台的引擎。详见 https://azure. microsoft. com/en – us/services/machine – learning/。
- **Wit. ai**（被 Facebook 收购）提供了语音识别和意图理解功能。

11.2　库

作为 iOS 开发人员，主要是对占用内存少的高性能兼容库感兴趣。Swift 是一种相对崭新的编程语言，因此以 Swift 编写的机器学习库大多都是不成熟的尝试。然而，现已有一些更专业且发展迅速的 Swift 机器学习包。

不过，如果忽略使用其他与 iOS 兼容的语言（如 Objective – C、C、C + +、Lua 和 JavaScript）所编写的库是不明智的，因为这些库通常更成熟，拥有庞大的用户群体。在此背景下，值得一提的是一些可靠的跨平台库。

在 Swift 代码中导入 C 程序库非常简单：可参考 Apple 公司开发者网站上关于 C – Swift 互操作性的相关内容。从技术上，C + + 库与 Swift 不兼容，但可通过 Obejctive – C 作为桥梁，以使得在 Swift 中不会存在 C + + 或 Objective – C + + 的头文件。幸运的是，Objective C 可与 C + + 无缝转换。

Lua 可编写为一个独立的 C 程序库，且可包含在项目中。借助 CoreJavaScript 框架，可在 iOS SDK 中使用 JavaScript 库。

11.3　通用机器学习库

在表 11.1 和表 11.2 中给出了大约 20 个机器学习库。综合考虑了实现语言和接口、加速可行性和类型、许可类型、开发现状以及与常用包管理器的兼容性等各种特性。在本章后面部分，将详细介绍每个库的独特功能。

表 11.1　iOS 通用机器学习库比较（Ⅰ）

库	编程语言	包含算法
AIToolbox	Swift	线性回归、逻辑回归、高斯混合模型、马尔可夫决策过程、支持向量机、神经网络、主成分分析、k – 均值、遗传算法、深度学习：LSTM、CNN
BrainCore	Swift	深度学习：FF、LSTM
Caffe、Caffe2、MXNet、TensorFlow、tiny – dnn	C + +	深度学习
dlib	C + +	贝叶斯网络、支持向量机、回归、结构化预测、深度学习、聚类和其他无监督、半监督、强化学习、特征选择
FANN	C	神经网络
LearnKit	Object C	异常检测、协同过滤、决策树、随机森林、k – 均值、k 近邻、回归、朴素贝叶斯、神经网络、主成分分析、支持向量机

（续）

库	编程语言	包含算法
MLKit	Swift	回归、遗传算法、$k-$均值、神经网络
multilinear $-$ math	Swift	多重线性主成分分析、多重线性子空间学习、线性回归、逻辑回归、前馈神经网络
OpenCV（机器学习模块）	C + +	正态贝叶斯、k 近邻、支持向量机、决策树、提升方法、梯度提升树、随机树、极端随机树、期望最大化、神经网络、层次聚类
Shark	C + +	监督学习：线性判别分析、线性回归、支持向量机、神经网络和递归神经网络、径向基函数神经网络、正则化网络、高斯过程、k 近邻、决策树、随机森林 无监督学习：主成分分析、受限玻尔兹曼机、层次聚类、进化算法
Swix	Swift	支持向量机、k 近邻、主成分分析
Torch	Lua	深度学习
YCML	Object C	线性回归、支持向量机、极限学习机、前向选择、核过程回归、二元受限玻尔兹曼机、特征学习、排序算法等

表 11.2　iOS 通用机器学习库比较（Ⅱ）

库	加速框架	许可证	开发现状	包管理器
AIToolbox	Accelerate、Metal	Apache $-$ 2.0	活跃	—
BrainCore	Metal	MIT	不活跃	CocoaPods、Carthage
Caffe	CUDA	BSD $-$ 2 $-$ Clause	活跃	hunter
Caffe2	Metal/NNPack	Custom、类似 BSD	活跃	CocoaPods
dlib	—	Boost	活跃	hunter
FANN	—	LGPL	不活跃	CocoaPods
LearnKit	Accelerate	MIT	活跃	—
MLKit	—	MIT	活跃	Carthage
multiliear $-$ math	Metal	Apache	活跃	Swift 包管理器
MXNet	CUDA、OpenMP	Apache $-$ 2.0	活跃	—
OpenCV（机器学习模块）	Accelerate/CUDA、OpenCL 等	BSD $-$ 3 $-$ Clause	活跃	CocoaPods、hunter
Shark	—	GPL $-$ 3.0	不活跃	CocoaPods
Swix	Accelerate、OpenCV	MIT	不活跃	—
TensorFlow	CUDA	Apache $-$ 2.0	活跃	—
tiny $-$ dnn	CUDA、OpenCL、OpenMP 等	BSD $-$ 3 $-$ Clause	活跃	hunter
Torch	CUDA、OpenCL	BSD $-$ 3 $-$ Clause	活跃	—
YCML	Accelerate	GPL $-$ 3.0	活跃	—

以下是缩略语列表：

- 卷积神经网络（CNN）。
- 深度学习（DL）。
- 前馈（FF）。
- 高斯混合模型（GMM）。
- k 近邻（KNN）。
- 线性回归（LinReg）。
- 逻辑回归（LogReg）。
- 长短时记忆（LSTM）。
- 马尔可夫决策过程（MDP）。
- 神经网络（NN）。
- 主成分分析（PCA）。
- 支持向量机（SVM）。

包管理器：

Carthage：https://github. com/Carthage/Carthage。

CocoaPods：https://cocoapods. org/。

Hunter：https://github. com/ruslo/hunter。

Swift 包管理器：https://swift. org/package – manager/。

11. 3. 1　AIToolbox

Swift 库包含多个机器学习模型，与 iOS 和 macOS 都兼容。所有模型都是作为具有统一接口的单独类实现的，因此可在代码中以极少的工作量用一个模型来替换另一个模型。有些模型支持保存到 plist 文件并从该文件加载。在整个库中都采用加速框架来提高计算速度。

对于回归任务，可选择线性、非线性和 SVM 回归。线性回归支持正则化。这里的 SVM 模型是最初由 C 语言编写的 libSVM 库的一个端口，也可用于分类任务。其他分类算法包括逻辑回归和神经网络的。神经网络层中的非线性有几种类型（包括卷积）。具体网络可以是一个简单的前馈或递归（包括 LSTM）网络，也可以是两种类型层的组合。Metal 框架是用于加速神经网络的。可在线或以批处理模式进行网络训练。

在 AIToolbox 中实现的无监督学习算法有主成分分析、k – 均值和高斯混合模型。马尔可夫决策过程可用于强化学习。库中的其他人工智能原语和算法还包括图和树、α – β 算法、遗传算法和约束传播。

AIToolbox 库还提供了绘制 UIView 和 NSView 的各种类。其中包括多种绘图模式，如表征函数、分类或回归数据以及分类区域的模式。另外，还有用于模型验证或超参数调节的类，如 k 折验证。

详见 GitHub 资源库：https://github. com/KevinCoble/AIToolbox。

11. 3. 2　BrainCore

这个 Swift 库提供了前馈和递归神经网络。具有多种类型的层，包括内积层、线性校正层（ReLU）、sigmoid 层、RNN 和 LSTM 层以及 L2 损失层。BrainCore 在训练和推理阶段均采用了 Metal 加速。由于具有一些适当的语法块，因此可以非常清晰地定义一个新的神经网络：

```
let net = Net.build {
    [dataLayer1, dataLayer2] => lstmLayer
    lstmLayer =>> ipLayer1 => reluLayer1 => sinkLayer1
    lstmLayer =>> ipLayer2 => reluLayer2 => sinkLayer2
}
```

BrainCore 库可用于 iOS 和 macOS。依赖项是 Upsurge 数学运算库。该库可通过 Cocoa-Pods 或 Carthage 获得。

详见 GitHub 资源库：https://github. com/alejandro – isaza/BrainCore。

11. 3. 3　Caffe

Caffe 是最常用的深度学习框架之一。这是由 C + +编写的库。

官方网站上的介绍如下：

"Caffe 是一种以表示、速度和模块化为核心的深度学习框架。是由伯克利视觉以及学习中心（BVLC）以及用户群体共同开发的。"

该库主要是针对 Linux 和 macOS X，但同时也兼容非官方的 Android、iOS 和 Windows 端口。Caffe 支持 CUDA 加速，也可在 CPU 上单独执行。在 iOS 上，仅使用 CPU。接口包括 C + +、命令行、Python 和 MATLAB。在 Caffe 库中提供了递归和卷积神经网络。要定义一个网络，需要在一个特殊格式的 config 文件中描述其结构。

ModelZoo 中包含了许多预训练的 Caffe 模型。与 MXNet、Torch 和 TensorFlow 不同，Caffe 库中不具有自动微分功能。

官方网站：http://caffe. berkeleyvision. org/。
BrainCore 提供的 iOS 端口：https://github. com/alejandro – isaza/caffe。

11. 3. 4　Caffe2

Caffe2 是 Facebook 开发的移动优先深度学习库，源于试图重构原始的 Caffe 框架。Caffe2

采用 Metal 框架来加速 iOS 上的计算，并提供了比 Caffe 更大的灵活性。例如，其中包括了递归神经网络。

 官方网站：https://caffe2. ai/。

11.3.5　dlib

dlib 是一个成熟的 C + + 机器学习库，具有广泛的用户群体。其中包括许多在其他 iOS 兼容库中不具备的机器学习先进算法。另外，还包含各种有用的附加功能，如元编程、压缩算法以及用于数字信号和图像处理的函数。将 dlib 库移植到 iOS 相对简单——只需删除 UI 和 HTTP 相关文件，即可编译为针对 iOS 的库。

 官方网站：http://dlib. net/。

11.3.6　FANN

FANN（快速人工神经网络）库是 C 语言实现的多层神经网络。其中包括不同类型的训练函数（反向传播、进化拓扑）和各种激活函数。可保存和可从文件中加载训练好的网络。FANN 库具有良好的说明文档，并与多种编程语言绑定。若要与 iOS 项目连接，需通过 CocoaPods。

 官方网站：http://leenissen. dk/fann/wp/。

11.3.7　LearnKit

LearnKit 是一个用 Objective – C 编写的用于机器学习的 Cocoa 框架。目前运行在 iOS 和 OS X 的加速框架上，支持多种算法。

11.3.8　MLKit

MLKit 提供了多种回归算法：线性回归、多项式回归和岭回归（结合 L2 正则化）、LASSO 回归、k – 均值、遗传算法和简单的神经网络。另外，还包括用于数据拆分和 k 折模型验证的类。MLKit 的依赖项是 Upsurge 数学运算库。

 GitHub 资源库：https://github. com/Somnibyte/MLKit。

11.3.9 Multilinear – math

该库的名称是指所提供的张量操作。另外，还包含一组机器学习和人工智能原语。其算法包括主成分分析、用于降维的多线性子空间学习算法、线性回归和逻辑回归、随机梯度下降、前馈神经网络、sigmoid、ReLU、Softplus 激活函数和正则化。

该库还提供了加速框架和 LAPACK 的 Swift 接口，包括向量和矩阵运算、特征分解和奇异值分解。除此之外，还实现了 MultidimensionData 协议以处理多维数据。

GitHub 资源库：https://github.com/vincentherrmann/multilinear – math。

11.3.10 MXNet

引自官方网站：

"MXNet 是一个兼具效率和灵活性的深度学习框架。"

MXNet 与 Linux、macOS、Windows、Android、iOS 和 JavaScript 兼容。其接口包括 C++、Python、Julia、MATLAB、JavaScript、Go、R 和 Scala。MXNet 通过 OpenMP 和 CUDA 支持自动微分和加速。MANet 具有良好的说明文档，并在官网上提供了许多教程和示例。官方网站上还有包含预训练神经网络的 ModelZoo。同时也可通过 caffe_converter 工具转换预训练好的 Caffe 模型。

官方网站：https://mxnet.apache.org/index.html。

11.3.11 Shark

Shark 库是用 C++编写的。其提供了线性和非线性优化方法（进化算法和基于梯度的算法）、支持向量机和神经网络、回归算法、决策树、随机森林和大量无监督学习算法。CocoaPod 上提供了旧版本的 Shark 库。

官方网站：
http://image.diku.dk/shark/sphinx_pages/build/html/index.html。
CocoaPods：https://cocoapods.org/pods/Shark – SDK。

11.3.12 TensorFlow

TensorFlow 是 Google 公司开发的一个数值计算库，广泛应用于深度学习和传统的统计学习。该库的架构是基于数据流图构建的。TensorFlow 的介绍如下：

"图中的节点表示数学运算，而图中的边表示多维数据数组（张量）之间的通信。灵活的体系结构可允许通过单个 API 将计算部署到桌面、服务器或移动设备上的一个或多个 CPU 或 GPU。"

TensorFlow 库具有良好的说明文档，可仅通过 TensorFlow 从零开始学习机器学习。官方网站提供了大量教程、视频课程、针对不同平台（包括 iOS）的示例应用程序以及预训练的模型。两个官方支持的 API 分别是用 Python 和 C + +（功能有限）编写的。另外，还支持 CUDA GPU 加速和自动微分。可通过 caffe – tensorflow 工具转换预训练的 Caffe 模型。

官方网站：https://tensorflow. google. cn/。

11. 3. 13　tiny – dnn

tiny – dnn 是一个用 C + +编写的轻量级卷积神经网络框架。

以下是根据官方文档创建的神经网络示例：

```
network<sequential> net;
// 添加层
net << conv<tan_h>(32, 32, 5, 1, 6)    // 输入:32×32×1, 5×5conv, 6 个特征映射
    << ave_pool<tan_h>(28, 28, 6, 2)   // 输入:28×28×6, 2×2pooling
    << fc<tan_h>(14 * 14 * 6, 120)     // 输入:14×14×6, 输出:120
    << fc<identity>(120, 10);          // 输入:120,      输出:10
```

可以直接训练模型或利用 caffe – converter 工具转换预训练的 Caffe 模型。支持多种加速类型。对于 iOS，依赖项是 OpenCV。在 tiny – dnn 的 GitHub 资源库中提供了一个 iOS 示例。

GitHub 资源库：https://github. com/tiny – dnn/tiny – dnn。

11. 3. 14　Torch

Torch 是一个用 Lua 编写的广泛支持机器学习的科学计算框架。这是最常用的深度学习框架之一。支持的平台包括 Linux、macOS、Windows、Android 和 iOS，另外还支持 CUDA 和 OpenCL（部分）加速。现有许多为 Torch 引入附加功能的第三方软件包。如 Autograd 包引入了自动微分功能，nn 包可允许通过简单构建块来构造神经网络，rnn 包提供了递归神经网络，iTorch 包提供了与 IPython Notebook 的互操作性。通过 loadcaffe 包还可加载 Caffe 模型。Torch 库具有良好的说明文档且易于安装。

Swift 开发人员面临的主要问题是 Lua 语言本身，因为其范例与 Swift 的完全不同。不过，现有一些库已为 Lua 引入了强大的类型和函数功能，从而使这个问题得到了极大缓解。

官方网站：http://torch. ch/。

非官方的 iOS 端口：https://github. com/clementfarabet/torch – ios。

11. 3. 15　YCML

YCML 是一个针对 Objective – C 和 Swift（macOS 和 iOS）的机器学习框架。

官方网站（https://yconst. com/software/ycml）上的文档说明如下：

"目前可用的算法有：梯度下降反向传播、弹性反向传播（RProp）、极限学习机（ELM）、基于正交最小二乘以及 PRESS 统计量的前向选择（针对 RBF 网络）、二元受限玻尔兹曼机（CD&PCD，未测试!）。另外，YCML 还包括一些优化算法来支持导出预测模型，尽管这些模型可应用于各种类型的问题：梯度下降（单目标，无约束）、弹性反向传播梯度下降（单目标，无约束）、NSGA – II（多目标，有约束）。"

11. 4　仅用于推理的库

随着 iOS 11 的发布，一些常用的机器学习框架也逐渐在模型层次上与之兼容。可利用这些框架构建和训练模型，然后以特定框架格式导出模型，并将其转换为 Core ML 格式，以便将来与应用程序集成。这些模型的参数固定，只能用于推理。由于 Xcode 为每个模型生成了单独的 Swift 类，因此无法在运行时替换或更新。这些模型的主要应用领域是各种模式识别应用程序，如通过照片来计算卡路里。Core ML 目前至少可与下列库和模型兼容：

- Caffe 1. 0：神经网络。
- Keras 1. 2. 2：神经网络。
- libSVM 3. 22：支持向量机。
- scikit – learn 0. 18. 1：决策树集成学习、广义线性模型、支持向量机、特征工程和管道。
- XGBoost 0. 6：梯度提升树。

所有这些库都符合存在已久的行业标准。

有关最新信息，请查看官方软件包文档：https://pypi. org/project/coremltools/。

在 Core ML 发布之前，也曾尝试在 Metal 框架基础上进行深度推理：

- DeepLearningKit。
- Espresso。
- Forge。
- Bender。

由于提供了比 MPS CNN 图更灵活更简洁的 API，Forge 和 Bender 现仍在使用。不过在不久的将来，这些可能会被淘汰，因为 Apple 公司在不断为 Metal Performance Shader 框架增加越来越多的功能。

11.4.1 Keras

Keras 是一个用于构建深度学习神经网络的常用 Python 包。其具有对用户友好的语法。易于快速创建原型和构建深度模型。最初是作为 Theano 符号计算库的接口，但随着时间推移，接入了 TensorFlow 后端，并最终成为 TensorFlow 的一部分。现在，TensorFlow 已是默认的后端，但仍可以选择切换到 Theano。同时，现在也正在开发接入 MXNet 和 CNTK 后端的项目。

Keras 包含用于预处理最常见数据类型（包括图像、文本和时间序列）的函数。

Core ML 支持 Keras 构建的卷积神经网络和递归神经网络。

官方网站：https://keras. io/。

11.4.2 LibSVM

用于分类、回归、分布估计和异常检测，更多信息请参见：https://www. csie. ntu. edu. tw/~cjlin/libsvm/

11.4.3 Scikit - learn

如果已阅读前面的章节，那么应该已熟悉这个库。该库包含了大量通用学习算法和数据预处理方法，并且相关说明文档非常详细。

Core ML 支持随机森林、广义线性模型和在 scikit - learn 中构建的数据。更多信息请参见：https://scikit - learn. org/stable/。

11.4.4 XGBoost

在撰写本书时，压根没有预计介绍该工具。为什么呢？因为这是用于机器学习竞赛的重器。XGBoost 是许多领域的实际应用标准，但在训练阶段非常消耗资源。这就是其为何主要应用于执行网页排名和其他繁重任务的服务器和服务器集群的原因。另外，这也是赢得 Kaggle 机器学习竞赛（不适用于计算机视觉相关任务）的有力工具。Core ML 支持在 XG-Boost 中训练的梯度提升决策树。更多有关信息请参见：https://xgboost. readthedocs. io/en/latest/。

11.5　NLP 库

本节将介绍各种自然语言处理库。

11.5.1　Word2Vec

这是最初由 C 语言实现的 Word2Vec 算法。可运行在 iOS 上，但会消耗大量内存。该库是在 Apache 2.0 许可证下发布的。

Google 资源库：https://code. google. com/p/word2vec/。

11.5.2　Twitter 文本

推文解析是自然语言处理中的一项常见任务。推文通常包含一些特殊语言（如用户名），会涉及 headers、hashtags 和 cashtags 等。针对推文处理，推特提供了一个 Objective – C 编写的 API。这与机器学习本身无关，但仍是一个数据预处理的有用工具。

GitHub 资源库：https://github. com/twitter/twitter – text。

11.6　语音识别

本节将介绍语音识别方面的常用库。

11.6.1　TLSphinx

官方说明文档如下：

"TLSphinx 是关于 Pocketsphinx 的一个 Swift 封装，这是一个便携式软件库，可允许应用程序在不提取音频的情况下执行语音识别。"

该库是在 MIT 许可证下发布的。

GitHub 资源库：https://github. com/tryolabs/TLSphinx。

11.6.2　OpenEars

这是一个为中文、法语、西班牙语、英语、荷兰语、意大利语和德语提供语音识别和文

本 – 语音转换的免费 iOS 库。这些模型是在不同的许可证下发布的，其中一些是商业应用友好型的许可协议。具有 Objective – C 和 Swift 两种 API。同时还提供付费插件。

官方网站：https://www.politepix.com/openears/。

11.7 计算机视觉

本节将详细介绍几种计算机视觉库。

11.7.1 OpenCV

OpenCV 是一个包含计算机视觉算法、图像处理和通用数值算法的软件库。是用 C/C++ 语言编程实现的，但也具有 Python、Java、Ruby、MATLAB、Lua 和其他语言接口。鉴于其是在 BSD 许可证下发布的，所以可免费用于学术和商业用途。

自从 OpenCV 3.1 以来，就具有 DNN 模块，在 OpenCV 3.3 中，该模块升级到 opencv_contrib。

官方网站：https://opencv.org/。

其他 OpenCV 模块：https://github.com/opencv/opencv_contrib。

Swift 下的 OpenCV 演示应用程序：https://github.com/foundry/OpenCVS-wiftStitch。

11.7.2 ccv

ccv 是一个可用于 iOS、macOC、Android、Linux FreeBSD 和 Windows 的 C++ 计算机视觉库。该库是在 BSD three – clause 许可证下发布的。

官方网站说明如下：

"ccv 开发的一个核心思想是应用驱动。因此，ccv 已实现了一些最先进的算法。其中包括一个近似最先进的图像分类器，一个最先进的正面人脸检测器，有效采集行人和汽车的目标检测器，一个有效的文本检测算法，一个通用目标的长时跟踪算法和成熟的特征点提取算法。"

官方网站：http://libccv.org/。

11.7.3 OpenFace

OpenFace 是一个有关人脸处理的最先进的开源库之一。其中包括人脸特征点检测、人眼视线估计、头部姿态估计和面部动作单元识别等算法。

GitHub 资源库：https://github.com/TadasBaltrusaitis/OpenFace。

非官方 iOS 端口：https://github.com/FaceAR/OpenFaceIOS。

11.7.4 Tesseract

Tesseract 是用 C + + 语言编写的光学字符识别（OCR）开源工具。该工具适用于多种编程语言，其中包括 Objective – C 相关的两种编程语言。可利用该工具来训练所建模型，也可直接采用用户群体已训练好的一种模型（包括古希腊语、拉丁语、希伯来语、波斯语和波兰语）。最新版本的 Tesseract 利用了 LSTM 神经网络进行字符识别。该库是在 Apache – 2.0 许可证下发布的。

GitHub 资源库：https://github.com/tesseract – ocr/tesseract。

11.8 底层子程序库

有些库并非直接执行机器学习，而是提供了机器学习所需的重要底层原语。Apple 公司的 BNNS 就是这样一种库。该库只是加速框架中的一部分，为卷积神经网络提供高度优化的子程序。在第 10 章中已进行了详细讨论。接下来，将列出具有此类功能的一些第三方库。

11.8.1 Eigen

Eigen 是一个实现线性代数原语及其相关算法的 C + + 模板库。该库符合 LGPL3 + 许可证。许多计算量巨大的常见项目（如 TensorFlow）都是利用 Eigen 来进行矩阵和向量运算的。

官方网站：http://eigen.tuxfamily.org/index.php？title = Main _ Page。

11.8.2 fmincg – c

fmincg – c 可用 C 语言实现共轭梯度。它利用 OpenCL 来更快处理算法。现也有一些用 Python 编写的示例。

GitHub 资源库：https://github.com/gautambhatrcb/fmincg – c。

11. 8. 3　IntuneFeatures

用于实现音频特征提取。IntuneFeatures 框架包含了从音频文件生成特征的代码，以及从相应的 MIDI 文件中生成特征标签的代码。目前，该库支持以下特征：基于频带的对数谱功率估计、谱功率通量、峰值功率、峰值功率通量和峰位。

CompileFeatures 命令行应用程序以音频文件和 MIDI 文件作为输入，并生成含特征和标签的 HDF5 数据库。然后这些 HDF5 文件可用于训练执行转录或相关任务的神经网络。

GitHub 资源库：https://github. com/venturemedia/intune – features。

11. 8. 4　SigmaSwiftStatistics

该库是在 Swift 中执行统计计算所需的函数集合。可用于针对 Apple 设备的 Swift 应用程序和其他平台上的 Swift 开源程序。

GitHub 资源库：https://github. com/evgenyneu/SigmaSwiftStatistics。

11. 8. 5　STEM

STEM 是一个用于机器学习的 Swift 张量库，在某种程度上类似于 Torch。提供了张量、张量运算、随机张量生成、计算图和优化。

GitHub 资源库：https://github. com/abeschneider/stem。

11. 8. 6　Swix

Swix 是要在 Swift 中实现 NumPy 数学运算库。其中封装了用于一些机器学习算法的 OpenCV，并提供了具有加速框架的 Swift API。

GitHub 资源库：https://github. com/stsievert/swix。

11. 8. 7　LibXtract

LibXtract 是一个简单、可移植、轻量级的音频特征提取函数库。目的是提供一组相对详尽的特征提取基元，这些基元设计为"级联"形式以创建特征提取层次结构。

例如，variance（方差）、average deviation（平均差）、skewness（偏度）和 kurtosis（峰度）都需要预先计算输入向量的平均值。然而，并非计算每个函数的 mean（均值）和 inside，而是期望 mean（均值）作为一个参数输入。这意味着，如果用户希望使用所有这些特征，则只需计算一次 mean（均值），然后再将其传递给所需的任何函数。

在整个库中都遵循级联特征的思想，例如，具有对信号向量幅度谱执行操作的特征（如不规则性）。幅度谱不是在相应的函数中计算，而是将指向包含幅度谱的数组中第一个元素的指针作为参数传入。

这不仅可使得库在计算大量特征时更有效，而且还可使得库更加灵活，因为可以任意组合提取函数（例如，可提取梅尔频率倒谱系数的不规则性）。

通过查看该软件包提供的头文件或阅读 doxygen 文档，可找到完整的功能列表。

GitHub 资源库：https：//github. com/jamiebullock/LibXtract。

11. 8. 8　libLBFGS

GitHub 资源库：https：//github. com/chokkan/liblbfgs。
该库提供了用于数值优化的 L – BFGS 方法。

11. 8. 9　NNPACK

NNPACK 是一个在多核 CPU 上执行神经网络的加速包。Caffe2、tiny – dnn 和 MXNet 均支持 NNPACK 加速。Prisma 在移动应用程序中利用该库来提高性能。

GitHub 资源库：https：//github. com/Maratyszcza/NNPACK。

11. 8. 10　Upsurge

Upsurge 是一个 SIMD（单指令流多数据流）加速的 Swift 库。这是一种用于加速框架中的矩阵、张量、运算符和函数的数学工具，非常类似于卷积运算。矩阵运算是该库的强项。

GitHub 资源库：https：//github. com/alejandro – isaza/Upsurge。

11. 8. 11　YCMatrix

YCMatrix 是一个用于矩阵运算的 Objective – C 库。其本质上是加速框架的一个封装程序。YCML 利用该库进行所有计算加速。

GitHub 资源库：https://github.com/yconst/YCMatrix。

11.9　选择深度学习框架

选择合适的深度学习框架对于获取所需的最佳执行速度和模型大小非常重要。在此，需要考虑一些因素——开销、是否需要添加库、GPU 加速、是否需要训练或仅需要推理、在哪个框架中实现了现有解决方案。

需要理解并非总是需要 GPU 加速。有时，SIMD/Accelerate 足以实现可以进行实时推理的神经网络。

有时，还必须考虑计算是在客户端还是在服务器端进行，或者是否在两者之间取得平衡。另外，还需要在极端记录情况下进行基准测试，以及在不同的设备上进行测试。

11.10　小结

本章学习了与 iOS 兼容的机器学习库及其特性。其中重点讨论了 4 种主要的深度学习框架：Caffe、TensorFlow、MXNet 和 Torch。另外，还简单介绍了多种较小的深度学习库和将深度学习模型从一种格式转换为另一种格式的工具。在通用机器学习库中，功能最丰富且最成熟的是 AIToolbox、dlib、Shark 和 YCML。适用于 iOS 的 NLP 库很少，且大多功能受限。

除了 iOS 本地平台上的语音识别和文本到语音，还有一些提供相同功能的免费库和商业库。

如果是完成一些常见的计算机视觉任务，OpenCV 或 ccv 库提供了一些合适的算法。OCR 和各种与人脸相关的任务也可以利用开源工具来完成。除此之外，还有一些针对线性代数运算、张量和优化的底层库，可用于加速机器学习算法。

第12章

优化移动设备上的神经网络

现代卷积神经网络非常庞大。例如，预训练的 ResNet 系列网络的深度可从 100 层到 1000 层，在 Torch 数据格式下可占到 138MB ~ 0.5GB。要将这些网络部署到移动或嵌入式设备上困难重重，尤其是在应用程序需要多个模型来完成不同任务时。另外，CNN 的计算量很大，在某些情况下（例如，实时视频分析）可能在短时间内耗尽设备电量。实际上，可能会比写这章的绪论部分都要快。为何这些模型会如此庞大，以及为何会消耗这么多能量呢？如何在不牺牲精度的情况下改进呢？

在前一章中我们已讨论了速度优化问题，本章将集中讨论内存消耗问题。尤其是针对深度学习神经网络，同时也针对其他类型的机器学习模型，提供了一些一般性建议。

本章的主要内容包括：

- 为何要压缩模型？
- 机器学习模型压缩的一般性建议。
- 为何深度神经网络如此庞大？
- 影响神经网络大小的因素有哪些？
- 神经网络的哪些部分最臃肿？
- 减少模型大小的方法——减少参数个数、剪枝、训练量化和霍夫曼编码。
- 紧凑型 CNN 架构。

12.1 提供完美的用户体验

根据 iTunes Connect 开发者指南，应用程序中总的未压缩数据大小应小于4GB；然而，这仅是针对二进制文件，而 asset 文件可占用磁盘容量允许的最大空间。正如 Apple 开发者网站（https://developer.apple.com/news/? id = 09192017b）中所述，手机下载的应用程序大小也有限制：

"现已将手机下载限制从100MB提高到150MB，以允许用户通过手机网络从应用商店下载更多应用程序。"

由此得出的一个简单结论是最好将模型参数存储为按需加载资源，或在安装应用程序后从服务器下载，这只是解决问题的一种方式。另一种方式是不希望应用程序占用太多的空间和消耗大量的流量，因为这是一种糟糕的用户体验。

可以从以下几个方面解决问题（从简单到复杂）：

- 采用标准无损压缩算法。
- 选择紧凑的网络架构。
- 防止模型增大。
- 采用有损压缩方法——去除不重要的模型部分。

第一种方法只是折中方案，因为仍需要在运行时解压缩模型。最后一种方法，通常讨论的是减少模型参数个数，有效减小模型容量，以及模型精度。

12.2　计算卷积神经网络规模

在此，以某一常用的 CNN 为例，如 VGG16，详细分析内存是如何消耗的。在 Keras 下输出摘要信息：

```
from keras.applications import VGG16
model = VGG16()
print(model.summary())
```

该网络由 13 个二维卷积层（包含 3×3 滤波器，步长为 1 且填充值为 1）和 3 个全连接层（"密集"）组成。另外，还有一个输入层，5 个最大池化层和一个扁平层，这些层都不包含参数，见表 12.1 和图 12.1。

表　12.1

层	输出规格	数据占用内存	参数	参数个数
输入层	$224 \times 224 \times 3$	150528	0	0
二维卷积层	$224 \times 224 \times 64$	3211264	$3 \times 3 \times 3 \times 64 + 64$	1792
二维卷积层	$224 \times 224 \times 64$	3211264	$3 \times 3 \times 64 \times 64 + 64$	36928
二维最大池化层	$112 \times 112 \times 64$	802816	0	0
二维卷积层	$112 \times 112 \times 128$	1605632	$3 \times 3 \times 64 \times 128 + 128$	73856
二维卷积层	$112 \times 112 \times 128$	1605632	$3 \times 3 \times 128 \times 128 + 128$	147584
二维最大池化层	$56 \times 56 \times 256$	401408	0	0
二维卷积层	$56 \times 56 \times 256$	802816	$3 \times 3 \times 128 \times 256 + 256$	295168
二维卷积层	$56 \times 56 \times 256$	802816	$3 \times 3 \times 256 \times 256 + 256$	590080
二维卷积层	$56 \times 56 \times 256$	802816	$3 \times 3 \times 256 \times 256 + 256$	590080
二维最大池化层	$28 \times 28 \times 256$	200704	0	0
二维卷积层	$28 \times 28 \times 512$	401408	$3 \times 3 \times 256 \times 512 + 512$	1180160
二维卷积层	$28 \times 28 \times 512$	401408	$3 \times 3 \times 512 \times 512 + 512$	2359808
二维卷积层	$28 \times 28 \times 512$	401408	$3 \times 3 \times 512 \times 512 + 512$	2359808
二维最大池化层	$14 \times 14 \times 512$	100352	0	0

（续）

层	输出维度	数据占用内存	参数	参数个数
二维卷积层	$14 \times 14 \times 512$	100352	$3 \times 3 \times 512 \times 512 + 512$	2359808
二维卷积层	$14 \times 14 \times 512$	100352	$3 \times 3 \times 512 \times 512 + 512$	2359808
二维卷积层	$14 \times 14 \times 512$	100352	$3 \times 3 \times 512 \times 512 + 512$	2359808
二维最大池化层	$7 \times 7 \times 512$	25088	0	0
扁平层	25088	0	0	0
密集连接层	4096	4096	$7 \times 7 \times 512 \times 4096 + 4096$	102764544
密集连接层	4096	4096	4097×4096	16781312
密集连接层	1000	1000	4097×1000	4097000

数据存储总量：批大小 $\times 15237608 \approx 15$ M

相关内容参见链接：

http://cs231n.github.io/convolutional-networks/#case

https://datascience.stackexchange.com/questions/17286/cnn-memory-consumption

总的参数个数：$138357544 \approx 138$M

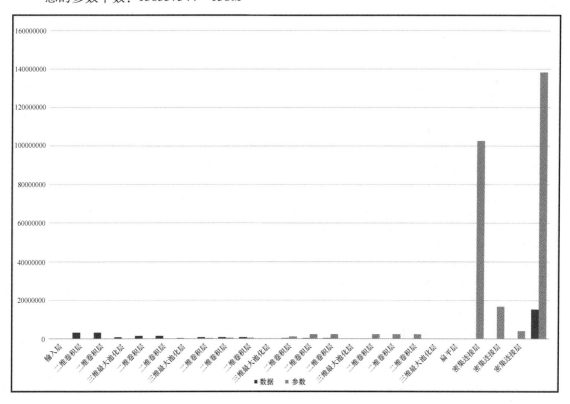

图　12.1

12.3 无损压缩

典型的神经网络中含有大量冗余信息，这就允许采用无损压缩或有损压缩，且通常均可达到非常好的效果。

霍夫曼编码是在研究 CNN 压缩的相关论文中经常采用的一种压缩方法。另外，还可采用 Apple 公司的压缩方法或 Facebook 公司的 zstd 库，这是最先进的压缩方法之一。Apple 公司的压缩方法包含四种压缩算法（三种常用算法和一种专用于 Apple 的算法）：

- LZ4 是其中最快的一种压缩算法。
- ZLIB 是标准的压缩存档方法。
- LZMA 运行速度较慢，但压缩效果最好。
- LZFSE 比 ZLIB 速度快且压缩效果稍好。这是专门针对 Apple 公司硬件进行优化的，以使其更节能。

下面是一个采用压缩库中的 LZFSE 算法进行数据压缩，然后解压缩的代码段。完整代码见 Compression. playground：

```
import Compression
let data = ...
```

sourceSize 中保存了压缩前的数据大小：

```
let sourceSize = data.count
```

正在为压缩结果分配缓存区……按原始（未压缩）大小进行分配：

```
let compressedBuffer = UnsafeMutablePointer<UInt8>.allocate(capacity:
sourceSize)
```

compression_encode_buffer（）是数据压缩函数。输入参数为输入/输出缓存区、各自大小以及压缩算法类型（COMPRESSION_LZFSE），并返回压缩后的数据大小：

```
var compressedSize: Int = 0
data.withUnsafeBytes { (sourceBuffer: UnsafePointer<UInt8>) in
compressedSize = compression_encode_buffer(compressedBuffer, sourceSize,
sourceBuffer, sourceSize, nil, COMPRESSION_LZFSE)
}
```

compressedSize 变量保存了压缩后的数据大小。

现在，进行解压缩。以下是如何为未压缩数据分配适当大小的缓存区：

```
var uncompressedBuffer = UnsafeMutablePointer<UInt8>.allocate(capacity:
sourceSize)
```

同样，compression_decode_buffer（）函数返回了未压缩数据的实际大小：

```
let uncompressedSize = compression_decode_buffer(uncompressedBuffer,
sourceSize, compressedBuffer, compressedSize, nil, COMPRESSION_LZFSE)
```

将缓存区转换为普通数据对象：

```
let uncompressedData = Data(bytes: uncompressedBuffer, count:
uncompressedSize)
```

uncompressedData. count 应等于初始的 sourceSize。

为使无损压缩有效，网络结构中需包含大量重复性元素。这可通过采用降低精度的权重量化来实现（见下节）。

Apple 公司的 lzfse 压缩库：

https：//github. com/lzfse/lzfse。

https：//developer. apple. com/documentation/compression。

Facebook 公司的 zstd 压缩库：

https：//github. com/facebook/zstd。

https：//github. com/aperedera/SwiftZSTD。

12.4　紧凑型 CNN 架构

在推理过程中，整个神经网络都应加载到内存中，因此，对于移动平台开发人员，尤其要关注的是那些尽可能占用较少内存的小型架构。小规模的神经网络还可以减少占用从网络下载时的带宽资源。

近年来，已提出多种减小卷积神经网络规模的架构。接下来，简要讨论其中几个常用架构。

12.4.1　SqueezeNet

该架构是由 Landola 等人于 2017 年提出的，主要用于自动驾驶汽车。作为基线，研究人员采用了 AlexNet 架构。该网络需要 240MB 的内存，相当于一个移动设备的容量。SqueezeNet 的参数减少了 50 倍，且在 ImageNet 数据集上达到了同样的精度。如果采用额外的压缩技术，网络大小能减少到 0.5MB 左右。

SqueezeNet 是由 fire 模块构建的。目标是建立一个具有少量参数的神经网络，同时保持精度具有竞争性。具体实现方法如下：

- 通过将 3×3 的滤波器替换为 1×1 的滤波器来减小网络规模。在此，由于是将 3×3 的滤波器替换为 1×1 的滤波器，参数个数可减少为 1/9。
- 减少其余 3×3 滤波器的输入个数。在此，仅是通过减少滤波器个数来减少参数个数。
- 在架构后部进行下采样，以使得卷积层具有更大的激活映射。为提高分类精度，SqueezeNet 减小了后期卷积层的步长，从而创建了一个更大的激活/特征映射。

原始论文见：https：//arxiv. org/abs/1602. 07360。

12.4.2　MobileNet

MobileNet 是一类面向移动和嵌入式应用的高效 CNN。最初是由 Google 研究团队在 2017

年发表的名为 *MobileNets：Efficient Convolutional Neural Networks for Mobile Vision Applications*（用于移动视觉应用的高效卷积神经网络）的论文中提出的。与传统的 CNN 相比，该网络的参数较少，且学习和预测的计算量小得多。这使得 MobileNets 运行速度更快且更轻量级，同时还保持了同样的预测精度。其中，重要的创新点在于引入了深度可分离卷积详见链接：http://machinethink.net/blog/googles-mobile-net-architecture-on-iphone/。

原始论文见：https://arxiv.org/abs/1704.04861。

12.4.3　ShuffleNet

ShuffleNet 架构是由 Face + +研究团队（旷视科技）于 2017 年提出的。是针对计算能力有限的移动设备［如 10 ~ 150MFLOP（每秒百万次浮点运算）］而开发的。与经典的 CNN 相比，ShuffleNet 采用点态组卷积和通道随机混合，因此参数更小，且计算量更小；例如，其工作速度要比 AlexNet 快 13 倍。在精度保持不变的情况下：针对 ImageNet 数据集，性能甚至要稍优于 MobileNet（top − 1 错误率）。

原始论文见：https://arxiv.org/abs/1707.01083。

12.4.4　CondenseNet

CondenseNet 是由 Gao Huang、Shichen Liu、Laurens van der Maaten 和 Kilian Q. Weinberger 提出的。该网络是通过将层之间的密集连接与一种删除未使用连接的机制相结合来提高网络效率，从而实现网络中的特征重用。CondenseNet 被认为比最先进的紧凑型卷积网络（如 MobileNet 和 ShuffleNet）效率更高。

详情参见：*CondenseNet：An Efficient DenseNet using Learned Group Convolutions*，Gao Huang、Shichen Liu、Laurens van der Maaten、Kilian Q. Weinberger，November 25，2017，https://arxiv.org/abs/1711.09224。

12.5　防止神经网络扩大

为了在移动平台上利用尖端的深度学习网络，有效调节网络学习能力以实现利用最少资源完成最多工作是极其重要的。Google 翻译团队为 OCR 所实现的神经网络就是一个用于理解避免网络扩大的经验法则的很好示例。

以下是 Google 公司发布新闻的摘录，参见 https://translate.googleblog.com/2015/07/how-google-translate-squeezes-deep.html。

"需要开发一个非常小规模的神经网络，并严格限制示教程度，以及对处理信息密度设定上限。面临的挑战是创建最有效的训练数据。由于需要生成自己的训练数据，因此需花费大量精力来确保仅包含正确数据。例如，希望能够识别一个仅有少许旋转的字母。如果旋转过多，神经网络将会在琐碎事情上使用过多的信息密度。为此致力于开发能够实现迭代时间更快、可视化效果更好的工具。在几分钟之内，就可以改变生成训练数据的算法，生成模型，重新训练并可视化。从中可观察哪类字母识别失败及其原因。曾一度对训练数据变形过多，导致将"＄"识别为"S"。但能够很快确认该问题，并通过调整变形参数来解决。（Good，2015）"

以下是上述摘录的要点：

- 通过限制训练数据的变化来限制学习能力。
- 通过增大图像的微小旋转可创建有效的训练数据。若旋转过多将会加重学习，从而导致模型扩大。
- 充分利用可视化来快速修复网络的错误结果。

从上述启示中能够得出哪些通用规则呢？

- 设置模型大小的上限，这将限制模型的性能。
- 创建最有效的训练数据，使得网络任务尽可能简单。例如，如果利用神经网络来识别照片中的字符，则可将数据集中的字母稍微旋转一点，但切记不要学习上下颠倒或镜像的字符。如果是通过数据扩充来创建数据集的，那么应尽量保证数据集无污染，以使得网络除了掌握所需信息之外，不会学习其他内容。
- 哪些字符可以忽略？例如，可让网络将"5"和"S"识别为同一字符，而之后在字典层上进行处理。
- 一定要可视化，明确网络内部的工作过程，以及在何处出现问题。最易混淆的字符是什么？

12.6　有损压缩

所有有损压缩方法都涉及一个潜在问题：若丢失模型中的部分信息时，应检查模型后续的执行情况。重新训练压缩模型有助于使得网络适应新的约束。

网络优化方法包括：

- 权重量化：改变计算精度。例如，以完全精度（float32）对模型进行训练，然后压缩为 int8 型。这将显著提高模型性能。
- 权重剪枝。
- 权重分解。
- 低秩逼近。对于 CPU 的一种有效方法。
- 知识提炼：训练一个较小模型来预测较大模型的输出。
- 动态内存分配。

● 层与张量融合。具体思想是将连续多层合并成一个层。这将减少存储中间结果所需的内容。

目前，这些方法各有利弊，但毫无疑问，在不久的将来，必将会提出更有效的方法。

● 内核自动调节：通过针对 Jetson、Tesla 或 DrivePX GPU 等平台选择最佳数据层和最佳并行算法来优化执行时间。

● 动态张量内存：通过仅在使用期间为每个张量分配内存，来减少内存占用并提高内存重用性。

● 多流执行：通过以相同模型和权重并行处理，扩展为多个输入流。

12.6.1　推理优化

去除图中仅用于反向传播而对推理没有任何作用的元素。

例如，批归一化层可与前面的卷积层合并为一个层，因为卷积运算和批归一化都是线性操作。

1. 网络剪枝

该方法的基本思想是认为神经网络中的所有权重并非同等重要。因此，可通过删除不重要的权重来减小网络规模。从技术上说，可通过以下方式实现：

1）训练较大网络：利用之前训练过的任何网络，如 VGG16，并仅重新训练全连接层。

2）对滤波器进行排序，或根据以下条件创建一个稀疏网络：可根据任何可行准则（如泰勒准则）对每个滤波器进行排序，并去除排序靠后的滤波器，或用零值替换所有小于某一阈值的值，从而生成一个稀疏网络。

3）微调并重复执行：在稀疏网络上执行多次迭代训练。

在此，一个棘手的问题是如何确定哪些网络不重要。这可通过通常选择超参数的同样方法来解决：尝试多个阈值，并比较相应网络的质量。

一定要对剪枝过的模型进行多次训练，以确保修复所造成的损坏。

2. 权重量化

量化为 8 位或更少。

权重量化可减小模型大小，但是其是以牺牲预测精度为代价的。无论如何，在运行时都需要相同的内存量。可采用任何一种通用的聚类算法来进行量化，如 k – 均值算法。

对权重执行标准聚类算法。由此可将所有这些浮点数替换为表征聚类的一些位。1 个聚类用一个浮点数表示，然后重新训练。更多信息参见链接：

https://petewarden.com/2016/05/03/how – to – quantize – neural – networks – with – tensor-flow/。

3. 降低精度

另一种减小网络规模的简单方法是直接将权重从双精度/浮点型数据类型转换为占用内存较小的另一种类型，或转换为固定精度数据类型。这（几乎）不会影响预测结果的质量，但可将模型规模减小为 1/4。

只有在训练完成后，才会降低网络精度。在此之前，曾尝试训练一个具有较低精度数据类型的网络，结果表明其在处理反向传播和梯度方面存在困难。

一旦模型训练完成，就可用浮点型代替双精度型，甚至可用固定精度类型代替，效果更好。例如，在经过训练的神经网络中，双精度型的权重如下：

0.954929658551372

对于小数点后的所有数字，神经网络不可能产生有意义的编码。因此，将上述权重值删掉一大部分，并转换为浮点数（0.9549297），结果没有什么影响。神经网络足够稳定以应对这种微小的变化。即使这样，精度也显得有些太高。为此，还可以再进一步四舍五入；例如，变为0.9550000。这样不会减小模型占用的内存大小，因为权重值仍是浮点数；但却会减小 IPA 二进制文件的大小，因为可更高效地归档。此外，压缩模型还将占用更少的磁盘空间。

4. 其他方法

另一种减小神经网络规模的常用方法是通过 SVD。在预调整神经网络上应用 SVD，可减少网络中的参数个数。在减少参数个数之后，采用一种非传统的反向传播算法来训练由 SVD 重构的模型，该算法比传统反向传播算法具有更小的时间复杂度。实验结果表明，在精度没有任何损失的情况下，运行速度提高了近 2 倍，而在精度稍微损失的情况下，运行速度可提高约 4 倍。

扩展阅读：可深入探索科技巨头公司在移动平台上采用的其他一些方法：https://han-dong1587. github. io/deep _ learning/2015/10/09/cnn – compression – acceleration. html。

- https：//research. googleblog. com/2017/02/on – device – machine – intelligence. html。

还一种是 Caffe2 中的 Facebook 方法。在开发者大会上，Facebook 公司宣布了其在手机图像和视频上渲染尖端艺术作品的方法，同时通过高度移动优化的深度神经网络有效利用了计算资源。通过下列可视化工具（https://developers. facebook. com/videos/f8 – 2017/delivering – real – time – ai – in – the – palm – of – your – hand/）可深入研究总体实现方法，见图 12.2。

Facebook 在其应用程序中通过以下流程实现了压缩为原大小的 1/50，并保证了精度不变：

- 剪枝。
- 量化。
- 霍夫曼编码或标准的通用压缩算法。

5. 知识提炼

知识提炼，用于训练模型以预测更复杂模型的逻辑输出。以较大模型的输出作为训练较小模型的基本数据。

扩展阅读参见链接：

- https：//arxiv. org/abs/1503. 02531。
- https：www. slideshare. net/AlexanderKorbonits/distilling – darkknowledge – from – neural – networks。

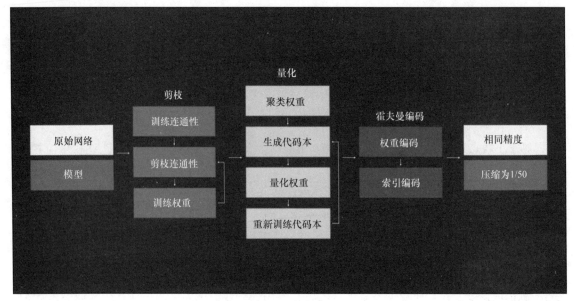

图 12.2　实现神经网络压缩的 Facebook 方法流程

- https://github.com/chengshengchan/model_compression/blob/master/teacher-student.py。

6. 工具

有损压缩的工具：TensorFlow 压缩工具。

12.7　网络压缩示例

在 https://github.com/caffe2/caffe2/issues/472 上提供了有关网络压缩的一些示例。

12.8　小结

现有几种方法可实现在移动平台上部署适当规模的深度神经网络。到目前为止，最常用的方法是选择紧凑型体系架构和有损压缩：量化、剪枝等。应确保在进行压缩后网络的准确性没有降低。

参 考 文 献

1. O. Good, *How Google Translate squeezes deep learning onto a phone*, July 29, 2015: https://research.googleblog.com/2015/07/how-google-translate-squeezes-deep.html

2. Y. LeCun, J. S. Denker, S. A. Solla, R. E. Howard, and L. D. Jackel. *Optimal Brain Damage*. In NIPS, volume 2, pages 598–605, 1989

第13章

最佳实践

> "讲故事的人目的不是告诉该如何思考，而是提出一些思考的问题"
>
> ——Brandon Sanderson，*The Way of Kings*

如果将人工智能领域想象成一个巨大的国家公园。在前面的章节中，我们已探索了几条令人兴奋的路径，并展示了移动开发人员最感兴趣的一些场景。但仍有许多未探索的区域。为此，在本章中，我们将提供一幅从概念到成品的通用路线图。之前已概述了危险区域，并获得了独自徒步旅行最佳实践的注意事项！另外，还将针对未来探索指出一些有趣方向。

本章的主要内容包括：

- 从概念到实际应用的实现途径。
- 机器学习项目中的常见问题，也称为机器学习问题。
- 机器学习的最佳实践。
- 学习资源推荐。

13.1　移动平台机器学习项目的生命周期

开发一个移动平台上的机器学习实际应用，通常要经历以下几个阶段：

- 准备阶段。
- 原型创建。
- 移植到移动平台或部署训练模型。
- 实际应用。

根据实际情况，研发路线可能长短不一，但一般来说，如果省略了上述某个阶段，意味着已在某些地方代为实现。在下面的详细说明中，省略了所有移动类型应用程序项目的通用步骤，而只着重讨论机器学习相关的具体步骤。

13.1.1　准备阶段

这是一个从根本上决定所开发内容的阶段，见图 13.1。在该阶段可能有两种结果：制定一个具体的开发计划，或决定放弃。

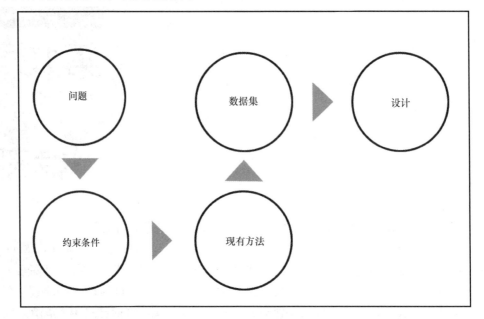

图 13.1　准备阶段路线图

1. 提炼问题

如果可以不利用机器学习就能解决问题，则最好不要涉及。如果可以通过传统的编程技术解决这一问题，那么恭喜！无须机器学习！此外，如果是不能允许存在误差的问题，也不要采用机器学习。

在开始机器学习项目之前，有必要将实际问题简化为一个机器学习任务。机器学习算法是由从事数学研究的人员开发的，主要是在一种受控环境下对纯净数据进行测试。如果可以用一些现有的机器学习方法（分类、回归、聚类等）来定义问题，那就方便很多。但目前为止，还存在许多问题，不能很容易地适应普通机器学习愿景，其中包括需要常识推理和上下文理解的问题。

2. 定义约束

在各种人工智能方法中很容易迷失方向。现有一组约束条件可有助于聚焦并确定一条求解的最优路径。通过回答下列问题，即可极大缩小探索范围。或者，在某些情况下，会得出任务不可能完成的结论（越在早期越容易解决）。

- 可用哪些数据？
- 不应该使用什么数据？
- 模型的输入和输出应是什么？
- 期望的准确度或其他衡量是否成功的标准是什么？注意，机器学习算法不会 100% 准确。
- 模型是否可以在目标平台上进行训练？

- 应该如何解释模型？模型是否可以是一个黑箱模型？
- 在训练和推理阶段，模型可以占用多大磁盘空间和内存？例如，在推理阶段，模型不能超过 15MB 的磁盘空间和大于 30MB 的 RAM。
- 训练和推理速度有多快（也可说多慢）？
- 编程语言和目标平台是什么？

3. 调研现有方法

一个关键问题是其他人如何解决类似问题？

是否可以采用自带的 iOS SDK 来解决问题？例如，如果要检测照片中的人脸，无须训练自己的神经网络或 Haar 级联网络。只需利用 Vision 框架即可。换句话说，没有必要做无用功。可以寻找工作于设备端或服务器端的现成解决方案。对于最常见的日常任务，你会发现一些合适的方法。

扩大搜索范围，查找文献。即使没有找到现成的解决方案，也至少会对这些方法和特定应用领域有所了解。在这一阶段，常用的一些网站有 arXiv、Google Scholar 和 GitHub。经过调研分析，你将会清楚地了解解决相关问题的经典方法和最先进的方法。

即便没有找到足够好的解决方案，但也可能会找到相对于未来模型的一种基本解决方案。

4. 研究数据

如果尚未找到现成的解决方案，并需要训练自己的算法，那么就需要数据集。

此时，可能有下列几种情况：

- 非常幸运，找到一个现成的数据集。可能存在的问题是这并非独有，所提出的方法也可能被他人模仿。另外，可能还存在许可问题或其他相关问题。
- 收集或生成自己的数据集。
- 在监督学习情况下，数据集应经过标记。手动标记是一项艰巨的任务，因此往往会外包给一些第三方服务机构，如亚马逊公司的 Mechanical Turk。

需要计算标记数据所需的时间和经济成本。

另外值得注意的是，应该清楚地了解如何收集数据。这一点非常重要，因为用于模型训练的数据收集方式可能与在应用程序中收集相同数据的方式完全不同，从而会影响模型的运行结果。例如，如果数据集中所有人脸都是通过专业相机在白色背景的良好光照条件下采集的，那么如果用户背后有一个明亮窗口时，就不要期望该人脸识别模型能在手机上也具有同样出色的性能。

需要扪心自问的一个问题是，"如果我是一个机器学习算法，在这些数据条件下，是否能够表现良好？"如果数据不足，再好的算法也无能为力。切记，数据越多胜过算法越好。

5. 设计方案选择

一旦明确目标、约束、竞争性解决方案和数据后，就可以定义未来模型的技术细节。在实现模型之前，需回答以下几个问题：

- 这是一个监督学习还是无监督学习问题？是分类还是聚类？是判别模型还是生成

模型？

- 是否成功的衡量标准是什么？基本解决方案是什么以及基准模型是什么？如果选择最优模型？也就是说，定义最优模型的测度集是什么？

- 模型质量评估策略是什么？准确率、精确率–召回率、交叉验证还是其他？这主要取决于应用域的成本：假阳性（误报）或假阴性（漏报）。选择质量指标并设定明确目标，例如，精度不得低于 80%。

- 模型是可以经过一次训练，然后在所有设备上进行推理的，还是需要为每个客户端训练一个独立的模型？

- 模型正常运行只需要一个用户的数据，还是需要聚合多个用户的数据？该问题将有助于判断是否需要将模型安装在服务器端？

- 最在意的是什么，准确率还是可解释性？对于分类问题，若是前者，则可能希望采用神经网络或集成方法；若是后者，则可能希望采用决策树或朴素贝叶斯方法。

- 是否需要概率估计？是仅需要是或否的结果，还是需要如 42% 的肯定、58% 的否定之类的结果？

- 如何清洗数据？如何选择恰当的特征？

- 如何将数据拆分为训练集和测试集？50/50，还是 90/10？

- 是希望模型以增量方式合并新的数据（在线学习），还是随时在大量数据上重新训练模型（批量学习）？训练数据是否会过时？模型环境的变化频率是多少？模型是否能够自适应环境变化？

13.1.2　创建原型

深刻理解用于原型创建和实际应用的工具之间的区别非常重要，因为在这两个阶段对工具的要求不同。针对具体任务，选择正确的工具可节省很多时间成本。

在原型设计阶段，是希望能够测试所设的假设条件并快速进行实验。这就是为什么需要在环境范围内选择一种灵活编程语言（如 Python 或 R）的原因。另外，还希望采用数据可视化和模型调试工具。但这恰恰是 Swift 语言环境的欠缺之处。模型大小、执行速度和稳定性等问题在原型创建过程中可能是次要的（但这不意味着可以完全不考虑）。不过在实际应用阶段需要面临这些问题，在大多情况下，需依赖于高度优化的本地程序库。在寻找一种通用的解决方案过程中，很大可能会最终选用那些对于原型创建和实际应用均效果不佳的工具。

从头开始实现机器学习算法不是一项简单的任务，见图 13.2。因此，如果有可能的话，最好选择可移植的库（TensorFlow 或 OpenCV）或已在 iOS 上实现的算法。否则，需要花费很多资源在 iOS 上重现 Python 编写的相关算法。

1. 数据预处理

首先从简单的数据预处理开始。需要注意的是，数据准备通常占项目整个时间的 80%。保证一个数据纯净的数据库并整理数据。切记，无用数据输入，无用数据输出（GIGO）！

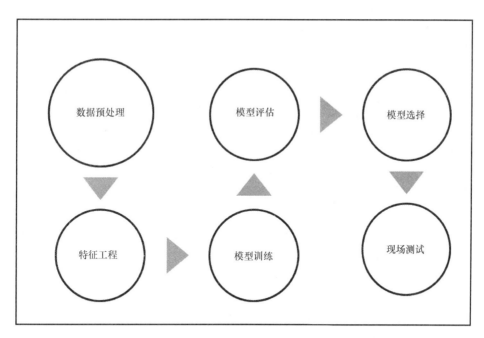

图 13.2　原型创建路线图

　　将整个工作分成多少有些独立的子项。假设正在开发一个通过手机摄像头读取医疗设备使用说明信息以简化护士工作的应用程序。

　　分别记录各个子项工作及其输入\输出。这样就会了解哪些步骤是相关的，同时也有助于理解如何测试每个步骤。具体示例见表 13.1。

表　13.1

序号	步骤	输入	输出
1	设备类型识别	图像	设备类型
2	设备屏幕检测	图像	屏幕窗口顶点（点）
3	透视校正	窗口顶点、屏幕图像	透视校正后的屏幕图像
4	屏幕布局分割	屏幕图像、设备类型	包含不同布局元素的多幅图像
5	OCR 图像预处理	噪声图像	无噪声图像
6	OCR	图像	噪声文本
7	验证	噪声文本	纯文本

　　记录数据预处理流程。例如，如果对数据减去均值并除以标准差，那么在训练模型时，需记录均值和标准差。这是在互联网上预训练神经网络时的常见问题。如果没有执行预处理步骤，那么模型实际上毫无用处。

　　对于分类任务，数据集预处理通常包括信息特征工程、类平衡和缺失值插补。在监督学习情况下，需要在下一阶段将数据集分为三个部分：训练集（大部分样本）、测试集和验证集。

2. 模型训练、评估和选择

通常，最好从简单且经典的模型开始，因为有时候最简单的模型反而效果最佳。但这只是经验法则，而不是自然规律。

每一种机器学习算法都包含一些关于数据的假设或先验知识：KNN 是假设相似样本属于同一类，线性回归是假设具有线性相关性和误差服从正态分布，许多模型都假设特征或样本之间完全独立或有限相关等。这样将有助于成功总结出训练数据中蕴含的规律。所有这些假设都是有用的，因为样本在整个可能输入空间中并不是均匀分布的，有时称之为数据模式。机器学习工程人员/研究人员的一项重要任务是充分了解所用的数据，以便能够根据其做出合理假设。然后根据这些假设来选择算法。在实际应用中，选择最佳模型的一般步骤如下：

- 选择适合于具体任务的一组模型。例如，对于分类任务，可以是：KNN、逻辑回归、决策树、神经网络等。
- 利用训练集来训练模型，并用测试集来验证模型精度；调节模型超参数（KNN 的近邻个数、决策树的分支个数、神经网络层的个数和类型）。
- 若已有一组训练模型，则通过验证集来选择其中一个最佳模型。

另外，从数据集角度来看，包括：
- 训练集：用于训练所有模型。
- 测试集：用于在训练阶段评估模型，仍需调节不同超参数。
- 验证集：用于测量模型的最终精度。该数据集应与上述两种数据集完全分隔，直到在一组模型中选择出最佳模型。

验证集非常重要，因为经过多次调节超参数，会导致模型对训练集和测试集过拟合。

在此，不推荐在移动设备上采用模型集成方法，因为这通常会占用大量资源。在确定采用某种模型之前，应检查在同样的数据采集、清洗和特征工程工作量下是否可以达到相同的性能。

迭代工作，先尝试一组算法和特征，然后再继续下一组。记录每次迭代的结果。设置随机生成数种子，以便在后续工作能复现结果。

所有的业务问题最终都会收敛到一个问题，"优化的损失函数是什么？"。切记学习是一种模型调节过程，以使得对于数据，其损失函数最小。因此，如果随意选择损失函数，则会导致结果与实际目标相差甚远。

3. 现场测试

这是一个非常重要的阶段，因为现场测试会发现与训练数据的偏差，用户对模型的实际感受，以及其他潜在的痛点。因此，需要在最真实的场景和条件下检测模型。假设正在开发一款语音助手应用软件，若出现下列场景，该软件的效果如何：

- 在嘈杂街景下出现风声时？
- 在背景声音中出现儿童哭泣声时？
- 具有音乐演奏声时？

- 若非用户母语或用户情绪化或喝醉时？这些情况正是用户最需要该语音助手软件的时候！
- 在上述情况都出现时？

如果解决方案是与安全相关的，那么在发生主动攻击时，效果如何？通过橙子皮解锁指纹 ID，或通过照片骗过人脸识别的程度如何？

根据观察所有这些测试结果，返回修改并相应地升级数据集和模型。

13.1.3　移植或部署到移动平台

下一步是需要将解决方案部署到一个移动平台（或多个平台）。在此，需考虑下列几种因素：

- 模型内存占用率。
- 数据内存占用率。
- 训练时间（如果需要在设备上训练）。
- 推理速度。
- 硬盘占用率。
- 电池消耗。

可通过 Xcode 装置来获得上述配置信息。

有关 Swift 代码在速度优化方面的更多信息，请参见下列指南：*Writing High - Permance Swift Code* 编写高性能的 Swift 代码（https://github. com/apple/swift/blob/master/docs/ OptimizationTips. rst）。

如果应用程序中包含多个预训练的模型，如神经网络艺术风格滤波器，则可利用所需资源来将这些模型存储在 App 商店，并在需要时而不是 App 安装时下载。所需资源指南的解释说明如下：

"所需资源是存储于 App 商店的 App 内容，且与下载的相关 App 无关。这些资源可使得 App 更小，下载速度更快，且 App 内容更丰富。这些 App 需要一些所需资源，且通过操作系统来管理下载和存储…

这些资源可以是除可执行代码之外的所有执行类型。"

在 2017 年春季，App 商店可允许存储最大 20GB 的所需资源。另外，在操作系统受限于磁盘容量时还可自定义需保存的资源。

在 https://developer. apple. com/library/content/documentation/FileManagement/Conceptual/On _ Demand _ Resources _ Guide/index. html 可获得更多有关上述技术以及如何在应用程序中实现具体应用的相关信息。

在上两章，我们已详细讨论了模型加速和压缩问题。

最好事先确定模型能够易于移植到移动平台上。例如，假设已决定在某种框架下训练模型并将其转换为适用于 iOS 环境的 Core ML 格式。在需要在 GPU 服务器上耗时一周训练一个复杂的神经网络模型之前，一定要确保这种架构下未经过训练的网络模型能够通过 coremltools 进行转换。这样就会避免在后来发现 coremltools 不能支持该超级架构下某一层时的遗憾。事实上，Core ML 目前已能支持自定义层，但你肯定不希望在能够利用某种更为传统的架构替代时还要自行编写。只有当移植成本远小于从头编写的成本时才能称为解决方案可移植。

13.1.4 实际应用

某些机器学习模型因应用环境变化而需要定期更新升级；而有些模型则固定不变。例如，语言变化相对要比人类外观的变化要频繁，而时尚变化得更频繁。在欺诈检测系统中，防卫和攻击之间永远存在针锋相对，但两者都在不断创新发展。环境变化问题称为概念迁移。模型随着时间而变得不相关的问题称为模型性能退化。

如何解决这些问题呢？一些可行方法如下：

- 定期重新训练模型。
- 采用在线学习算法来集成新数据并去除旧数据，KNN 即是这样一种算法。
- 通过算法对数据重要性进行加权，并对最近数据赋予较高重要性。

13.2 最佳实践指南

本节整理了一些需要在整个开发过程中值得注意的主要注意事项。

在此不可能将所有重要注意事项都面面俱到，为此下面提供了经验丰富的机器学习工程师所推荐的关于最佳实践的一些非常有见地的指南：

- Pedro Domingo 的 *A Few Useful Things to Know about Machine Learning*（关于机器学习的一些有用知识），参见链接 https：//homes. cs. washington. edu/ ~ pedrod/papers/cacm12. pdf。

- Leslie N. Smith 的 *Best Practices for Applying Deep Learning to Novel Applications*（深度学习在新应用程序中的最佳实践应用），参见链接 https：//arxiv. org/abs/1704. 01568。

- Martin Zinkevich 的 *Rules of Machine Learning*：*Best Practices for ML Engineering*（机器学习规则：机器学习工程的最佳实践），参见链接 http：//martin. zinkevich. org/rules _ of _ ml/rules _ of _ ml. pdf。

- Brett Wujek、PatrickHall、FundaGunes 的 *Best Practices for Machine Learning Applications*（机器学习应用的最佳实践），参见链接 https：//support. sas. com/resources/papers/proceedings16/SAS2360 – 2016. pdf。

13.2.1 基准测试

在创建一个解决常用机器学习任务的模型时，如何确定该模型优于之前所提出的模型呢？答案只有一个：基准测试。

现有一些用于比较不同模型精度的常用数据集。例如，对于大规模视觉对象分类任务而言，ImageNet 数据集就是基准测试集。

13.2.2　隐私和差异化隐私

令人惊讶的是，在过去的几年中，大多数将移动设备和机器学习相结合的科技论文并不是关于计算机视觉或自然语言处理的。讨论最多的主题是信息安全和隐私。这两个领域包括以下几种情况：

- 攻击方利用攻击性机器学习作为其中的一部分工具。可用于发现和分析漏洞或直接进行攻击。例如，监控系统中的人脸识别或语音识别，以及在非正常匿名数据中发现数据泄露。
- 防御性机器学习是用于防护网络攻击的。可用于威胁检测和分析。相关的示例包括银行欺诈检测算法和防病毒软件。
- 对抗性机器学习是算法本身受到攻击时的一种设置。例如，搜索引擎优化（SEO）——欺诈搜索引擎和转换率优化（CRO）——欺诈垃圾邮件滤波器。

现在，如果通过机器学习来最大化垃圾邮件识别率，那么这显然是一个对抗性设置，但攻击方和防御方都配置了机器学习，因此，综合了上述三种场景。

在移动安全方面，机器学习具有以下作用：

- 基于不同特征的用户认证：语音、人脸、步态、签名等。
- 旁路攻击：语音识别、按键记录，以及仅通过运动传感数据的密码窃取。
- 通过人类无法分辨的噪声配合语音助手进行操作。
- 诱使图像分类算法将一个对象误标记为另一个对象。
- 从用户照片库中提取各种个人信息：文件、条形码、隐私（NSFW）照片、信用卡信息等。

最后一种情况特别麻烦，因为在 iOS 系统中，任何可以访问照片库的应用程序都可以访问用户的所有照片，包括隐藏文件夹中的照片。这些应用程序可以不受限制地以任何形式对照片进行分析。由此得出结论：目前，移动设备上的攻击性机器学习要优于防御性机器学习，且仅受攻击者想象力和电池消耗的限制。

在移动开发领域之外，机器学习通常是用于监控、发送突兀的定向广告、挖掘社交媒体上的个人信息，以及其他实践活动。这是一个没有相应技术解决方案的问题。与其他任何功能强大的工具一样，机器学习也有相应的责任。计算机只能优化目标函数，而优化目标函数的选择只能依靠人来完成。是优化销售收入和商品数量，还是优化产品质量和用户权益？

在 2016 年的 WWDC 大会上，苹果官方提出了机器学习背景下的差异化隐私问题。根据其提出的思想，差异化隐私是一个主要研究课题，苹果公司也正在将差异化隐私引入到整个公司的服务中。差异化隐私的思想是收集用户数据，但在其中添加噪声，并以无法提取任何个人信息的方式将其聚合。

有关苹果公司具体方法的更多信息，请查看差异化隐私概述文档：https://images. apple. com/privacy/docs/Differential _ Privacy _ Overview. pdf 和 WWDC 官方网址：http://devstreaming. apple. com/videos/wwdc/2016/709tvxadw201avg5v7n/709/709_engineering_privacy_for_your_users. pdf。

根据苹果公司的报告，iOS 具有 200MB 的个人信息动态缓存，可用于在 iPhone 上训练模型。个人信息包括应用程序的使用数据，与他人的交互信息，以及键盘和语音输入，这些都离不开设备。由于在这种情况下，数据不必通过网络传输，因此这是一个表明移动机器学习可有效减少潜在网络攻击从而提高用户安全性的很好示例。

Google 公司研究人员还提出了一种用于机器学习的安全数据聚合协议。为了实现分布式学习系统，需要在移动设备上训练较小的本地模型，然后将其更新后发送到更大的中心模型，该模型汇集了所有较小模型的经验。

上述方法称为联合学习。要了解更多信息，请参考 H. Brendan McMahan 等人发表的论文 *Communication – Efficient Learning of Deep Networks from Decentralized Data*（从分布式数据中学习深度神经网络的通信效率），参见链接：https://arxiv. org/abs/1602. 05629。

另外，也可以访问 Google 研究博客：https://research. googleblog. com/2017/04/federated – learning – collaborative. html。

13. 2. 3   调试和可视化

普通代码存在错误时，会导致程序无法正常运行，或运行错误。而机器学习代码存在错误时，通常会继续运行，只是结果质量有所下降。鉴于机器学习算法会非常复杂，因此，具备良好的调试和可视化工具有重要意义。例如，对于 TensorFlow，具有上述功能的工具是 TensorBoard，可允许分析模型图、权重分布、损失图等。

目前，尚未提出一种比可视化更好的方法来进行数据理解。通常，为实现可视化而花费 10 分钟来编写代码会比在控制台花费数小时进行调试更有效。正如马里兰大学的 Ben Shneiderman 教授在演讲中所指出的：

"非可视化的统计数据都是不合规的。"

13. 2. 4   归档

当然，如果工具越简单，则效果越好，即使用这些工具最好不需要操作手册。另外，在 Objective – C 领域中，一种根深蒂固的传统是实现代码自动归档。但在机器学习领域，没有归档的代码通常是无任何意义的。即使进行了归档，运行结果通常也会因超参数或其他微小细节的精确值未知而导致难以复现。

那么，机器学习代码中究竟应归档哪些内容呢？其中，最重要的包括：

- 数据源。

- 预处理步骤。
- 特征组合。
- 模型超参数。
- 所有操作技巧。
- 错误消息。
- 损失函数。
- 实验。
- 模型检查点。
- 随机数种子。
- 质量测量指标。

如果有必要，还需引用参考最初的研究论文。如果这些变量名只是来自于注释中直接引用的某个公式，那么请尽量避免在代码中调用 a、b、c、x、y、z、w、α、β、ρ、θ 等变量。

13.3　机器学习问题

Kaggle 公司的数据科学家 Ben Hamner 将通用的机器学习问题都称为机器学习问题。

可观看 Ben Hamner 教授的原创性演讲：https://www.youtube.com/watch?v = tleeC – KlsKA。

本人非常喜欢这种隐喻，因为这会让人想到一些邪恶的角色，而不是一些模糊抽象的概念。除了 Ben 教授提出的原始问题之外，本人还添加了一些问题，并提供了一个问题分类法（见图 13.3）。在本章中，我们将采用这一隐喻，以避免在讨论如何识别和消除这些问题时出现的一些难题。

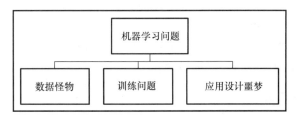

图 13.3　机器学习问题的简单分类

13.3.1　数据怪物

数据处理比较麻烦，这就是为何要称为数据科学和数据挖掘的原因！在不同处理阶段都会产生各种不同的问题。Ben Hamner 已提到数据不足、数据泄露、数据非平稳分布、数据采样和分割不良、数据质量和匿名性较差的数据等问题。在此，再添加几个数据问题。

1. 难处理数据

一些数据在很多方面都很难处理：稀疏数据（在特征或目标变量中），包含异常值或缺失值，或是高维或高基数值（对于分类特征而言）。数值特征或许（往往）具有不同量级或具有多重共线性。针对这些问题，没有行之有效的方法，只能采用暴力解决方法。整理数据，常用的方法有降维、缺失值插补、异常值检测和统计数据归一化。关于更多相关内容，请参考统计学和数据科学教材。

2. 有偏数据

Word2Vec 算法（见第 10 章）是一个表明文化定势和偏见如何很容易地渗透到机器学习模型中的很好示例。例如，在 Google 新闻语料库中训练的向量表明：

$$USA - Pizza + Russia = Vodka$$

虽然这对于某些人而言听起来很有趣，但对于更多的人来说，这会令人反感。这是算法有偏见吗？不，所有的偏见都是存在于数据集中。

数据具有严重偏见的另一个示例是一个基于神经网络的 Web 服务器，通过照片来评价人脸的漂亮程度。显然，所有训练数据都包含洁白的脸庞，因此，模型将会对所有非洁白脸庞给出较低的分值。相信开发人员在训练模型时并无恶意。只是没有对输入数据的多样性给予高度重视。

3. 批处理效应

通常，如果必须手动标记一个较大的数据集，那么可将其拆分为易于管理的批数据。然后，针对不同部分，可多人并行处理。在此存在的问题是每个人都会在其负责的批数据中引入不同程度的变化。尤其是在涉及主观性时，比如"这篇影评是有些正面还是相对中立的？"

对于不同来源的数据集，批处理效应也是一个常见问题。在许多情况下，若绘制不同来源的数据时，批处理效应较为明显。

13.3.2　训练问题

除过拟合之外，在训练中还存在资源消耗、模型可解释性、超参数调节等问题。其中大多数已在本章和其他章节中进行了详细讨论。

13.3.3　产品设计噩梦

在 Ben 的演讲中，只提到一种情况：解决错误的业务问题。但其实还存在很多问题！

1. 奇幻思维

关于这一点，在此通过一个故事来阐述。笔者的一个朋友邀请本人为他的初创公司建立一个机器学习系统，因为他认为这将会解决其移动应用程序中的一些问题。我问他具有什么数据，他回答说计划从用户那里收集大量数据。希望能对每个用户做出高度个性化的预测，并且实时（精度在几分钟之内）。"好吧"，我说，"想象一下已知有关你自己、你妻子和你的宠物狗的相关数据。这对我做出正确预测有用吗？""不会"，他摇摇头。"现在再想象你刚开始收集有关我的信息。那么要做出合理预测需要多长时间?"他看上去很失望。"这只是一个统计数据吗?我认为模型会自行得到答案的"。不管是否幸运,机器学习并没有什么超自然的能力。并不会创造出一个奇迹般的解决方案。机器学习模型所能做到的只是从较少的数据中获取更多的信息。这些基本事实对非技术人员来说有时并不明显。

2. 货物崇拜

不知何故,我们生活在这样一种文化中:科技是一种时尚,几乎是让人崇拜的对象(想想科技福音、"改变世界"和星球大战)。人工智能现正处于主流巅峰。我们常说"人人都在从事机器学习,我们在产品中建立一个神经网络,并宣称其是人工智能!"毫无疑问,机器学习是一个有力工具,但并不是对于所有情况都能迎刃而解。正如所知,如果增加蓝牙功能,任何产品都会变得更好。但这一规则对机器学习并不适用。本人认为如果增加机器学习功能,许多很好的服务反而可能会变得不方便和不可预测。重新表述 Jamie Zawinski 有关正则表达式的名言:"在遇到问题时,有人会想到'我知道,我会用人工智能'。而这时会又产生两个问题"。

3. 反馈回路

在一次会议上,一位演讲者提到他们公司正在开发的一款新产品。航空公司网站会根据各种指标以及已知的模型,以一种难以预测的方式来调整机票价格。因此,演讲者及其同事收集了一些航空公司网站的价格趋势数据,并建立了一个回归模型。该模型可预测机票价格的变化,并建议用户立即购买机票还是为了省钱而暂缓购买。一位观众(不是本人)举手提问:"航空公司在了解该网站并根据预测结果更新模型后有何变化?"这个问题出乎演讲者的意料,因为其完全没有预料到这种情况。抛开航空公司是否真的会考虑这种网站的因素,这是理解机器学习作为反馈回路的一个很好示例。当模型预测结果影响到实际结果时,可能会产生两种意外情况:自我应验预言或自我否定预言。

一个简单示例:一个系统预测用户感兴趣的新闻。用户阅读推送结果,则系统会认为用户对这类信息感兴趣。实际上,用户阅读这些信息并不是因为对此感兴趣,而是因为系统推送了这些信息(自我应验的预言)。所以,用户别无选择,只能阅读所推送的内容或关闭应用程序。由此产生的结果是,经过几个周期后,推送内容越来越单调乏味,以至于用户不再使用该应用程序。这里存在的问题是训练数据受到模型预测结果的影响,而导致模型预测性能逐渐退化。

如何处理反馈回路呢?没有有效方法,所以最好不要创建反馈结果。

4. 恐怖谷效应

"恐怖谷"一词最初出现在机器人领域,是用于描述与仿人机器人互动时的人类感受。从 1970 年开始,日本和韩国的一些公司一直在研制仿人机器人,复制人类外观的细枝末节。仿人机器人通常是具有视觉吸引力的复制模型。然而,经过观察发现这种机器人会遭到排斥,因为容易让人产生不舒服的感觉。与此同时,那些没有试图模仿人的外观的机器人反而引起重视。后来,这一概念扩展到三维动画和视频游戏领域,在此,成功利用恐怖谷概念来创造人物角色,见图 13.4。

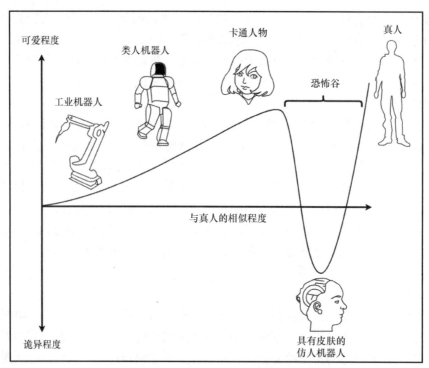

图 13.4　恐怖谷效应（图片来源于 Mykola Sosnovshchenko）

　　一些研究人员将恐怖谷概念应用到人工智能系统中，如推荐系统和语音助手。模仿人类行为的系统如果可信度不足，反而会受到用户情感上的排斥。这是为什么呢？接下来一探究竟。

　　人与人之间的互动是建立在理解和预测对方行为的能力之上的。人类大脑中甚至有处理该能力的专门神经元（镜像神经元）。向一个人问候，并得到对方的回应，或在讲笑话时会期望得到观众的笑声。如果对方没有回应或对笑话做出奇怪的反应，你就会觉得有什么不对劲。机器学习系统在这方面往往表现得不够好。对于人类而言，系统反应不可预测，由此会导致产生一种错觉。例如，按日期或主题排序的新闻提要类似于一个能够准确知道具体内容位置的房间。但如果新闻提要是根据一种未知的人工智能算法排序的，就会变得像是沙漠中的海市蜃楼。有一条很感兴趣的新闻，但消失得无影无踪，不管怎么努力都找不到。

　　可预测性是具有良好用户体验的基础。可能会存在预测随机性，但用户会意识到这纯粹是偶然发生的。即便如此，人脑仍试图在这些随机事件中找到一些模式。

　　同理，应确保个性化模型不会产生诡异的用户体验。如果应用程序对用户了解太多，这可能成为卸载该应用程序的一个好的理由。

13.4　学习资源推荐

　　本书只是粗浅介绍了机器学习这一概念背后庞大知识体系的冰山一角。如果想要了解更多内容，强烈推荐以下学习资源。

选择课程和图书的一个主要原则是表述清晰和以计算机科学为导向的方法。另外，其他的选择标准是在线免费和提供开源示例代码。在此所列的均是一些免费的入门级课程。

13.4.1 数学基本知识

在 YouTube 或 Coursera 上提供的宾夕法尼亚大学 Robert Ghrist 关于微积分的手写漫画式讲座。主要介绍了单变量微积分：泰勒级数、牛顿法。如果你不了解 sigmoid 函数的推导过程或哪些函数可微，那么该讲座是最佳选择。更多相关信息参见链接 https://www. math. upenn. edu/ ~ ghrist/。

Coding The Matrix：*Linear Algebra Through Computer Science Applications* （矩阵编码：线性代数在计算机科学的应用）是 Philip N. Klein 讲授的课程和教材。通过 Python 示例和作业讲授线性代数：如特征向量、特征值、奇异值分解、卷积、小波变换和傅里叶变换等内容。更多相关信息参见链接 http://codingthematrix. com/。

J. Ström、K. Åström 和 T. Akenine – Möller 编写的 *Immersive Linear Algebra* （沉浸式线性代数）是一本交互式在线教科书，参见链接 http://immersivemath. com/ila/index. html。

来自 OpenIntro 的开源教科书、视频讲座以及概率和统计练习，同时也作为 Mine Çetinkaya – Rundel 的一门 Coursera 课程。其中包括概率、贝叶斯统计、概率分布、条件概率、推理、置信度、卡方检验、方差分析、回归和 R 语言的编程练习。更多相关信息参见链接 https://www. openintro. org/stat/。

1. 机器学习

在 edX 网站上提供的 MIT 的 *The Analytics Edge* （数据分析极限）课程。采用 R 编程语言讲授了应用数据分析，其中包括通过一组真实案例进行分类、聚类和数据可视化。进行模型质量评价，情感分析。更多相关信息参见链接 https://www. edx. org/course/analytics – edge – mitx – 15 – 071x – 3。

Université de Sherbrooke 的 Hugo Larochelle 的神经网络课程。介绍了关于神经网络的一切内容。更多相关信息参见链接 http://info. usherbrooke. ca/hlarochelle/neural _ networks/ content. html。

Ian Goodfellow、YoshuaBengio 和 Aaron Courville 编写的 *Deep Learning*，这是一本有关深度学习的教材。在 http://www. deeplearningbook. org/网站上免费在线提供。

Toby Segaran 编写的 *Programming Collective Intelligence*。示例代码参见链接 https:// github. com/ferronrsmith/programming – collective – intelligence – code。

2. 计算机视觉

佐治亚理工学院开设的计算机视觉导论 （CS 6476）。是以 MATLAB/Octave 编程实现的计算机视觉中的数学入门课程。更多相关信息参见链接 https://www. udacity. com/course/in-troduction – to – computer – vision – – ud810。

Central Florida 大学开设的计算机视觉课程 （CAP 5415）。更多相关信息参见链接

https：//www. crcv. ucf. edu/courses/cap5415 – fall – 2014/。

Richard Szeliski 编写的经典教材 *Computer Vision*：*Algorithms and Application*，可在线免费获取：http：//szeliski. org/Book/drafts/SzeliskiBook_20100903_draft. pdf。

Standford 大学开设的卷积神经网络在视觉识别中的应用课程（CS231n），是采用 Python 编程实现卷积神经网络的入门课程。更多相关信息参见链接 http：//cs231n. stanford. edu/in-dex. html。

3. NLP

基于深度学习的自然语言处理（CS224n）。以 TensorFlow 编程实现。其中包括词向量表示、LSTM、GRU、神经机器翻译。更多相关信息参见链接 http：//web. stanford. edu/class/cs224n/。

13. 5　小结

这是本书的最后一章，我们讨论了机器学习应用程序的生命周期，以及人工智能项目中的常见问题和解决方法。另外，还提供了优质学习资源，供读者深入学习。希望读者能有所收获，并祝在人工智能实验中取得成功！

《TensorFlow 深度学习：数学原理与 Python 实战进阶》

● 掌握深度学习数学原理、编程实战经验
● 轻松构建复杂实际项目的深度学习方案

本书重点在帮你掌握深度学习所要求的数学原理和编程实战经验，使你能快速使用 TensorFlow 轻松部署产品中的深度学习解决方案，并形成开发深度学习架构和解决方案时所需的数学理解和直觉。

深入浅出讲解数学基础、深度学习与 TensorFlow、卷积神经网络、自然语言处理、无监督学习、高级神经网络等内容，帮助你快速理解数学基础、理论知识，掌握实际项目开发经验，迅速胜任学习、工作要求。

《TensorFlow 机器学习》

● 关于 TensorFlow 机器学习的快速入门的极好指南
● 由浅入深讲解经典核心算法、神经网络、强化学习

为你提供了机器学习概念的坚实基础，以及使用 Python 编写 TensorFlow 的实战经验。

本书由浅入深地对 TensorFlow 进行了介绍，并对 TensorFlow 的本质、核心学习算法（线性回归、分类、聚类、隐马尔可夫模型）和神经网络的类型（自编码器、强化学习、卷积神经网络和循环神经网络）都进行了详细介绍，同时配以代码实现。

你将通过经典的预测、分类和聚类算法等内容快速学习掌握基础知识。然后，继续探索学习深度学习的内容，例如自动编码器、递归神经网络和强化学习等。通过本书，你将会准备好将 TensorFlow 用于自己的机器学习和深度学习应用程序中。

推 荐 阅 读

《增强现实开发者实战指南》

阿里、微软、百度及学界专家联合推荐。

随着几年的蛰伏，已到来的 5G 技术，将极大促进增强现实、虚拟现实（AR/VR）行业的突破性发展，学习增强现实开发正当时。

作为一本适合 AR 开发者的实战案头书，采用逐步教学的实战方式详解如何使用 Unity 3D、Vuforia、ARTool-kit、HoloLens、Apple ARKit 和 Google ARCore 等主流开发工具。

助你快速掌握并在移动智能设备和可穿戴设备上构建激动人心的实用 AR 应用程序。

本书适合想要在各平台上开发 AR 项目的开发人员、设计人员等从业者，AR 技术的研究者、相关专业师生，以及对 AR 技术感兴趣的人员阅读。

《实感交互：人工智能下的人机交互技术》

人工智能赋能人机交互技术，智能＋交互，深入探讨解读人工智能下的人机交互技术。

分析基于触摸、手势、语音和视觉等自然人机交互领域的技术、应用和未来趋势。

● 有关触控技术的明确指导，包括优点、局限性和未来的趋势。

● 基于语音交互的语音输入、处理和识别技术的原理和应用案例讲解。

● 新兴的基于视觉感知技术和手势、身体、面部、眼球追踪交互的详解说明。

● 讨论多模式自然用户交互方案，直观地将触摸、语音和视觉结合在一起，实现真实感互动。

● 审视实现真正 3D 沉浸式显示和交互的要求及技术现状。